위로였으면 좋겠다

위로였으면 좋겠다

최갑수 빈티지트래블

꿈의지도

두려움과 떨림

고독의 발견

길 위의 삶

비현실적인 현실

이토록 사소한 위로

여행은 포옹과 같아요,
라고 말하곤 하는 그를 위해
나는 여행을 다녀온 후

긴 긴 편지를 쓴다.

本
BOOK
居酒屋 よしなが
JA
MP
ROSE
ラーメン
貸車
Canon
百花之里
EGG
EGG
鮮魚店
川内

"여행을 다녀오면 한동안은
풍경의 잔상이 망막 속에 남아 있잖아요.
눈을 감으면 펼쳐지는 그때의 풍경들,
눈을 뜨고 있을 때조차도 떠오르는 그때의 기분들."

"가끔은 여행자의 망막 속으로 들어가보고 싶어져요.
　그가 어떤 풍경 속을 걸어왔는지, 어떤 심정으로 그 풍경 속에 있었는지, 궁금해요.
언젠가는 나도 그 풍경 속에 서 있고 싶다는 생각과 함께."

우리는 서로를 알지 못한다.

하지만 우리는
각자가 꿈꾸는
포옹 같은 여행에 대해

알고 있다.

두려움과 떨림

LAS
LAS VEGAS
PX 6814357
9738

PX 6814357 LAS
TRANSFER RECORD
PX 6814357 LAS
TRANSFER RECORD

PX 6814357 LAS
ORIGIN RECORD
PX 6814357
LAS
LAS VEGAS

TC-BCJ

여행의 시작 혹은
허공으로 솟구치는 비닐봉지

어느 날 그는 훌쩍 떠났다. 그는 내게 짧은 편지를 남겼다.

내가 아무것도 아닌 것 같다는 생각이 들었어. 따분해진 거였지. 지구는 시속 1,669km로 돌아가고 있지만, 나는 전혀 짜릿하지도 않고 어지럽지도 않았어. 그래서 길을 떠나기로 한 거야.

오랜 여행에서 돌아온 또 다른 그가 말했다.

당신은 왜, 어떻게 여행을 시작했는가, 라는 물음은 어쩌면, 쥐랑 파충류가 어떻게 다른가에 대해, 혹은 12세기 암스테르담의 어느 평화로운 오후에 대해 1500자 이내로 기술하시오 라는 물음처럼 무의미한 것일지도 모르겠군요. 여행은 지극히 개인적인 일이며 사적인 행위예요. 내가 어디로 가든, 그곳에서 무슨 일을 하든 상관하지 마세요. 상관하기 싫어서 상관 받기 싫어서 우리는 여행을 떠나니까요.

이제 막 여행을 떠나기로 결심한 그녀는 말한다.

지금까지 아파트와 직장 사이를, 지하철과 버스를 타고, 휴대전화를 들고서, 끊임없이 왕복했어. 지겨운 비유지만, 시계추 같은 삶을 살았어. 그런데 정확히 한 달 전, 나는 '너머'라는 곳이 존재한다는 것을 알았어. 우습게도, 큭 (잠시 웃음), 지난 달 일요일 늦은 오후였어. 잠깐의 산책을 나섰지. 횡단보도에서 신호등이 바뀌기를 기다리고 있는데 내 앞에 버려진 검은색 비닐봉지가 갑자기 허공으로 솟구치는 거야. 처음에는 비닐봉지가 지상에서 반 뼘 정도 날아올랐어. 그런데 그 비닐봉지가 점점 높이 올라가는 거야. 1m, 2m, 3m 4m…… 비닐봉지는 점점 높이 올라갔어. 마침내 비닐봉지는 까마득히 먼 곳으로 날아올라 사라졌지. 문득 이런 생각이 들더군. 아, 저 비닐봉지는 마침내 저 너머로 벌룬처럼 날아갔구나.
집으로 돌아와 '너머'라는 말을 떠올렸지. 설렘과 두려움, 낯섦, 흥분, 고요, 외로움, 열정…… 이 여러 가지 감정들이 다 떠오르는 거야. 내가 지금까지 잊고 있었던 감정들이었어. '너머'가 어딘지는 모르겠어. 집으로 가는 길이 아닌 반대편으로 향하는 어두운 골목일 수도, 붉은 신호등이 점멸하는 횡단보도 건너편일 수도 있어. 비행기로 12시간을 날아가야 하는 곳일 수도, 등대가 바라보고 있는 수평선 또는 구름이 지나가고 있는 지평선 뒤편일 수도 있어.

그녀는 계속 말한다.

'너머'로 내 인생을 보내기로 했어. 준비는 간단해. 청바지와 티셔츠, 운동화를 새로 샀어. 단단한 배낭도 장만했어. 그게 끝이야. 나는 모든 준비를 마쳤어. 내일 떠나. 물론 나는 다시 돌아올 거야. 여행 이후의 내 모습이 궁금해.

비행기

비행기를 처음 타본 것은 대학 4학년 때, 스물 다섯 살의 여름 어느 날이었다. 나와 친구는 공항에서 베이징으로 가는 비행기를 기다리고 있었다.

우리에게 그 여행은 바다를 건너는 첫 여행이었다. 그때까지만 해도 몽골이 내몽골과 외몽골로 나뉘어 있다는 것도 몰랐고 내몽골이 중국령이라는 것도 몰랐다.

여행을 떠나기 며칠 전, 친구가 물었다. 여행 가지 않을래?

내가 대답했다. 가자.

그런데 우리가 왜 여행을 떠나야 하지? 내가 되물었다.

친구는 골똘하게 생각하더니 대답했다.

아마, 우리가 졸업을 하고 사회에 나가면 오랫동안 여행을 떠나기가 어려울 거야. 정신없이 바빠질 테니까 말이야. 그때면 아마 지금 여행을 떠나지 못한 걸 엄청나게 후회할 거야.

나는 고개를 끄덕였다. 그럴지도 몰라. 그럼 어디가 좋을까?

친구는 미리 준비를 해두었다는 듯 주저 없이 대답했다.

사막으로 가는 거야.

왜 하필 사막이어야 하는 거지? 나는 나의 첫 해외여행이 왜 사막이어야 하는지 이해가 되지 않았다. 사막 말고도 어딘가 근사한 곳이 있지 않을까?

어느 책에서 그러더군. 사막은 오래된 여행자들이 찾아간다고 말이야. 우리가 사막에서 돌아오면 우린 꽤 괜찮은 여행자가 되어 있을 거야. 누군가 우리에게 가장 기억에 남는 여행지가 어디냐고 물었을 때 우린 그에게 이렇게 답하는 거야. "사막이었어요. 거대한 모래바람을 보았죠. 밥을 먹을 때마다 모래가 한 움큼씩 씹혔어요. 가장 지독한 경험이었죠." 그는 우리를 약간은 존경스러운 눈으로 바라볼 지 몰라. 어때 멋지지 않아?
그것도 멋지지만 솔직히 난 모래를 한 움큼씩 씹어 먹고 싶지는 않아.
결국 우리는 내몽고로 가기로 했다.
일단 베이징으로 가야 해. 친구가 말했다.

며칠 뒤 우리는 공항 바닥에 버려진 펭귄처럼 멀뚱하게 서 있었다.

비행기에 오르기까지 그토록 수많은 과정을 거쳐야 하는지 몰랐다. 버스나 기차처럼 표를 사서 타기만 하면 되는 줄 알았다. 그런데 그게 아니었다. 보딩패스를 바꾸고 여권을 검사 받고 체크인을 하고 공항검색대를 통과하고 출국심사대를 지나 게이트를 찾아 이리저리 헤매야 했다. 펭귄 두 마리는 뒤뚱거리며 공항을 이리저리 돌아다녔다.
그리고 마침내 비행기에 올랐다. 아, 이게 비행기라는 거구나. 좌석에 앉아 안전벨트를 채우며 '이 쇳덩이가 정말로 하늘을 날아오른단 말이지.' 하고 생각했다. 그런데 쇳덩이는 '정말로' 날아올랐다. 선체는 거대한 굉음과 함께 화살이 날아가듯 휙—하고 튕겨나갔다.

아아, 그때. 난생 처음 타본 비행기가 지상을 벗어나던 그 순간을 잊지 못한다. 중력에서 벗어나고 있다는 그 느낌. 약 5도 정도로 선체를 기울인 비행기는 공항을 한 바퀴 천천히 선회했다. 나와 친구는 서로를 바라보며 흐뭇한 미소를 지었다.
'우린 날아가고 있어.'
분명, 평생에 딱 한 번, 그 순간만 지을 수 있는 흐뭇한 미소였다.

비행기를 타면 드디어 이곳을 벗어나고 있다는 느낌이 든다. 비행기가 창공을 향해 날아오르는 순간, 어떤 위안 같은 게 가슴 속에 가득 찬다. 그것은 분명 기차나 버스, 자동차가 출발할 때와는 다른 기분이다. 세금과 할부금과 가족과 보고서, 가뭄과 홍수와 지진과 학살, 우리를 옭아매고 있는 모든 시시하고 빤한 것들에서 벗어나고 있다는 느낌. 바로 그 느낌……

나는 지금 딱딱한 비행기 의자에 앉아 3만 피트의 하늘을 날아가고 있다.

남은 일은 지상으로 사뿐히 내려앉는 일이다.

24° 25°

가능성

일상에서 우리가 길을 잃는 일은, 아이러니하게도 그것은 굉장히 어려운 일이고 그러한 시도 자체가 무모한 행위이기도 하다. 어쨌든 여행을 떠난다는 것은 우리가 길을 잃을 수 있다는 새로운 가능성을 시험하는 것이다. 자유로워지고자 하는 부단한 의지의 실현이다.

시월에는

시월엔 윈디 시티의 〈Think about' chu〉를 들어요.

에디 히긴스도 들어요.

손톱을 짧게 자르고

제라늄 화분에 물을 줘요.

그리고는 베트남으로 떠나는 생각을 하는 거죠.

하노이, 하롱베이, 선라, 닌빈, 훼, 다낭, 동하, 호이안, 무이네, 나짱, 판티엣, 호치민, 하이퐁, 디엔비엔푸.

베트남의 지명을 하나 둘 떠올리다 보면 마음 한 구석이 떠들썩해져요.

기분이 좋아지는 거죠.

베트남에 대해 생각하는 것. 베트남 해안을 따라가는 1,800km의 1번 국도를 베스파로 종단하는 상상을 하는 것.

우울한 시월을 극복하는 여러 방법 가운데 하나예요.

망설였던 5분간

잠깐, 망설인다.

어디로 가야 할 지 모르겠다.

수많은 길 앞에 서서

문 앞에 서서

공중전화 앞에 서서

우체국 앞에 서서

플랫폼에 서서

메뉴판을 들고서

망설인다.

BRICK LANE
ERNE BUCKLES LTD
AIR RIFLES & REPLICAS
LEATHER GOODS & ACCESSORIES
0207-739-7399
MODERNE BUCKLE
RIFLES REPLIC
cityfish
LLOYD'S
Traffic Enforcement Cameras
Columbia Flower Market

The Market
THAI
Restaurant
Tel: 0171 460 8320
Fax: 0171 460 6338
The Royal Borough of Kensington
and Chelsea
PORTOBELLO
ROAD. W.11.
THE MARKET
BIN 30

가야 할까, 말아야 할까, 아니 가지 않는 게 옳은 일일까. 눈으로 뒤덮인 바다, 별이 쏟아지는 추운 밤, 전화를 해야 할까, 이 문을 열고 나가는 순간, 이 자리로 다시 돌아올 수 없을지도 몰라. 그런 편지를 보내는 것이 아니었어. 너무 감상적이야. 빨간 머리의 당신, 이 기차를 타면 당신과는 영영 이별이야. 내게도 행운이라는 것이 있어서, 시간을 되돌릴 수만 있다면 나는 과연 어떤 선택을 할까, 손톱을 물어뜯으며 망설이던 그 시간들, 지나가버린 5분들.

지나가버린 5분간들로 만들어진 인생.

Québec, 로드 맥퀸의 음악이
어울리는 도시

퀘벡에서는 뭘 하죠?

쉐렌에게 물었을 때 그녀는 싱긋이 웃으며 대답한다.

골목을 걸어보세요. 퀘벡은 예쁜 골목이 끝없이 이어지는 도시죠.

그리고 또 뭘 하죠?

36° 37°

골목에서 만난 사람들에게 말을 걸어보세요.

봉쥬르.

아마도 그들은 부드러운 미소와 함께 프랑스어로 대답할 거예요.

그리고 또 뭘 하죠?

골목을 걸으며 로드 맥퀸의 음악을 듣는 거죠. 그거면 충분해요.

야간열차는 우리를 데려간다

대부분 우리의 일생은 간단하게 요약된다. 생몰연대.
대부분의 야간열차는 출발역과 종착역에서만 선다.

나는 지금 야간열차에 타고 있다. 저녁 6시 출발한 열차는 지금 밤 10시 무렵을 지나고 있다. 이 열차는 새벽 1시 경과 4시 경을 거쳐 아침 6시면 종착역에 닿을 예정이다. 열차는 마치 잘 계산된 음악처럼 규칙적인 진동과 함께 정확한 궤적을 따라 두껍고 단단한 밤의 중심을 지나고 있다.

열차의 궤도는 인간이 자연 속에서 만들 수 있는 가장 완벽한 평행선이다.

밤을 지나는 열차의 침대칸에 앉아, 창밖을 바라본다. 창밖은 완벽하게 검다. 아무것도 보이지 않는다. 오랫동안 빈 창문을 바라보고 있으면 내가 타고 있는 이 열차가 앞으로 가고 있는 것인지 뒤로 가고 있는 것인지 착각에 빠진다. 분명 열차는 미래의 시간을 향해 달려가고 있지만, 그 속에 있는 나는 과거로 가고 있다. 서른 살을 지나 스물 일곱 살을 지나 스물 두 살을 지나 열 여섯, 열 하나, 일곱 살까지 거슬러 올라간다. 그런 점에서 야간열차는 음악과 완벽하게 닮아 있다.

RATISLAVA HLAVNÁ STANICA

우리가 야간열차에 기대하는 것은, 야간열차가 12시간을 쉬지 않고 달려 우리를 낯선 도시에 내려놓을 것이라는 사실이 아니라, 야간열차가 우리에게 새로운 아침을 보여준다는 것이다. 어두운 시간은 지나간다. 야간열차는 우리에게 공간의 이동이 아닌 시간의 이동을 극명하게 경험하게 해준다.

BRICK LANE E1
SLATER STREET
SCRAM

008

모퉁이에서는 멈추고 싶어진다

모퉁이를 좋아한다.

마음에 드는 모퉁이를 만나면 괜히 어슬렁거린다.

모퉁이를 돌면
내가 간절히 사랑했던, 잊고 있었던, 찾고 싶었던, 만지고 싶었던 당신과 부딪힐 것
만 같다.

모퉁이. 당신과 나의 삶이 기적처럼 겹치는 곳.

30
Gan amhrais
Tramanna
EXCEPT
TRAMS
Newsweek

Herald
GRAND CENTRAL
LEFT

TRY

TRY. 노력하라.

렌즈에 들어온 도로 위의 글씨를 읽다가 피식 웃음이 났다. 옛날, 하던 일을 그만두려고 했을 때, 누군가 조금만 더 해봐, 라고 했다. 조금만 더 해보자는 것이 여기까지 왔다.

TRY!

고독의 발견

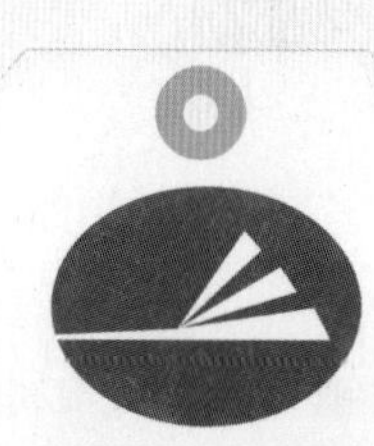

AIRLINESSOUTH EURO
FLIGHT CREW
FLIGHT CREW
FLIGHT CREW

010

네 몸의 가시는 원래 꽃이었다더라

후배에게 전화가 왔다. 새벽이었다. 그녀는 울고 있었다. 목이 메어 있었다.

"선배, 그 사람이랑 헤어졌어. 연애란 게 다 이런 거야?"

나는 말한다.

"다 그런 거야. 그러니까 그만 자."

전화를 끊고 나니 괜히 쓸쓸해졌다. 달아난 잠은 돌아오지 않는다. 거실을 괜히 어슬렁거리다 책꽂이에서 화집과 사진집 몇 권을 꺼내서 펼친다. 모딜리아니, 근역서화징, 추사평전, 요제프 쿠델가, 신디 셔먼…… 이 책 저 책 뒤적거려도 잠은 오지 않는다. 베란다로 나가 담배를 피운다. 비가 오고 있다. 베란다에 내놓은 탁자에는 지난해 봄에 들인 선인장 화분이 놓여 있다. 언제 꽃을 피웠는지…… 밤에 핀 선인장의 노란 꽃이 환하고 애처롭다.

꽃이 애처롭다고, 처량하다고 생각한 적이 없었다. 그냥 예쁠 뿐이었다. 이십 대 후반에 그랬다. 보기만 해도 좋았다. 너무 좋아서, 늦은 밤, 창틀에 어룽대던 살구꽃 그림자에 잠이 깨 어쩔 줄 모르고 허둥대기도 했다. 아예 일을 놓고 꽃을 쫓아 다닌 적도 있었다. 어느 절간에 가서는 눈 속에 피는 매화를 넋 놓고 바라보기도 했고, 웬 섬에서는 봄 햇볕을 쬐는 동백에 취해 꽃 진 자리에서 소주 몇 병을 비운 적도 있었다. 산을 오르다 바위 위에 누군가 뿌려놓은 듯 흩어진 돌배나무 꽃잎들을 만나면 분내 짙은 어느 여인의 치마폭에 싸인 것만 같아 괜히 마음 설레기도 했다. 개나리며 산수유며 앵초며 매발톱이며 장미, 백합이며 코스모스며 해당화며 민들레며 수선화며 제비꽃이며…… 꽃 이름들은 왜 하나 같이 순하고 사랑스럽기만 하던지. 그 시절에는 꽃 옆에 있는 것만으로도 좋았다. 눈을 어지럽히는 꽃잎의 빛깔과 손에 닿는 줄기의 감촉, 코끝을 스치는 향기……

꽃을 보며, 혹은 꽃 진 섭섭한 꽃그늘에라도 주저앉아 세월 다 보냈으면 하는 시절도 있었다. 꽃 앞에 물끄러미 앉아 내 곁에 잠시 머물렀던 여자들을 떠올리기도 했고, 꽃에 물주며 그 여자들과 함께 놀았던 '꽃 같은 시절'을 그리워하며 키득거리기도 했다. 그 여자들에게 꽃 이름을 하나씩 붙여주며 시간을 보냈고 시시껄렁한 시도 몇 편 끄적거리기도 했다. 삼십 대 초반이 그랬다. 지난 세월은 누구나 그렇듯이, 이제 와 생각하니 순진했고 행복했다.

요즈음에는, 얼마 산 것은 아니지만, 꽃을 보아도 별 다른 감흥이 일어나지 않는다. 베란다에 핀 선인장꽃을 보고도 '이 밤에 피어서 어쩌겠다는 것이냐' 하는 시덥지 않은 생각만 든다. 이 삶에 연애가 끼어들 틈이 없어서 그런 것인가, 몇 년 전 같으면 밤에 핀 그 모습이 어여뻐 이리 보고 저리 보고 했을 터인데. 괜히 목이 마르다. 가슴 한 켠이 먹먹해진다.

그 후배의 연애는 오래 됐더랬다. 연애를 하는 동안 후배의 얼굴은 꽃처럼 활짝 피어서 보기 좋았다. 사소한 농담에도 키득거리는 모습이 마치 늘씬한 해바라기를 닮았더랬다. 그러나 모든 연애는 끝이 나는 법. 꽃 진 자리로 남는 법.

오늘 밤은 비가 내리고 선인장이 노란 꽃을 피웠다. 그리고 한 여자의 긴긴 연애가 끝이 났다. 선인장에게 말한다.

"세월은 가고 꽃은 진다더라. 슬퍼하지 말 것."

011

외로웠고 그래서 사랑하고 싶었으니까

1997년 봄날은 그랬다. 대학 졸업반이었고, 졸업하고 뭘 해야 할 지, 뭘 해서 먹고 살아야 할 지 대책은 전혀 없었고, 몇 번의 연애는 참담하게 막을 내렸고, 가난했고…… 하지만 세상은 환했다. 나는 일본식 기와집 이층에 방을 빌려 살고 있는 하숙생이었다. 신문지 크기 만한 격자 창문이 길을 향해 나 있었다. 하숙집 마당에는 커다란 벚나무가 있었는데, 바람이 불 때마다 벚나무들은 봄날 햇빛 속으로 은빛 꽃잎을 화르르 뿌려댔다. 골목 담장에는 개나리가 미친 듯이 피어 있었다. 낮이면 턱을 괴고 창밖을 바라보았다. 밤에도 창밖을 바라보았다. 딱히 할 일이 없었다. 가끔 골목 끝에서 불어온 바람이 내 이마를 툭, 치고는 달아났다.

어쩌다 도서관에 가는 것이 유일한 외출이었다. 정기간행물실에서 〈창작과 비평〉〈문학과 사회〉〈현대문학〉〈현대시〉〈실천문학〉〈세계의 문학〉〈작가세계〉〈현대시〉〈한국문학〉…… 문예지에 실린 시들을 모조리 복사해 가져왔다. 창가에 기대 하루 종일 그것들을 읽어댔다. 밑줄을 그으며 읽었고 마음에 드는 시는 노트에 옮겨 적었다. 스물 다섯 살이었고 시인이 되고 싶었다.

하루에도 몇 편씩 시를 쓰곤 했지만 시 같은 시를 쓴 적은 없었다. 그러던 어느 날, 우연히 크지시토프 키에슬로프스키 감독의 〈사랑에 관한 짧은 필름〉을 보게 되었다. 자세한 내용은 기억나지 않지만, 한 우체국 직원이 맞은편 아파트에 사는 독신녀를 망원경으로 훔쳐 보다 사랑을 느끼게 된다는 내용이었다.

테이프가 다 감기고 스태프의 이름이 올라갈 때 진공상태를 경험하고 있었다, 는 것을 기억한다. 주위의 모든 것이 먹먹했다. 심장은 가파르게 뛰고 있었다. 한참을 멍하니 있다 창가에서 담배를 한 대 피워 물었다. 벚꽃과 개나리 속으로, 햇빛 속으로 한 여자가 지나가고 있었다. 그 찬란함에 나도 모르게 눈물이 찔끔 났다. 나는 자리로 돌아와 시를 썼다. 〈사랑에 관한 짧은 필름〉이라는 제목의 시였다.

"아주 짧았던 순간 어떤 여자를 사랑하게 된 적이 있다/ 봄날이었다. 나는 창밖을 지나는 한 여자를 보게 되었는데// (…) // 그 짧았던 순간 동안 나는 그만 그 여자를 사랑하게 되어서/ 아주 오랜 시간 동안 그 여자를 사랑해 왔던 것처럼// 햇빛이 개나리 여린 꽃망울을 살짝 뒤집어/ 개나리의 노란 속살을 엿보려는 순간, 그 여자를 그만 사랑하게 되어서"

그리고 며칠 뒤, 배낭을 챙겨 여행을 떠났다. 여수 부근을 며칠 떠돌다 비금도라는 섬으로 들어가게 되었고 그 섬 귀퉁이의 어느 여관에 들어 왕자웨이 감독의 〈동사서독〉을 보게 되었다. 아, 장만옥! 그녀는 복숭아꽃잎이 난분분 날리는 어느 봄날의 한가운데 앉아 있었다. 턱을 괴고 앉아 먼 곳을 바라보고 있었다. 사랑을 기다리고 있었다. 허술한 창문 틈으로 밀물 드는 소리가 아득하게 밀려왔다.

"그와 혼인했을 줄 알았는데 왜 하지 않았소?" "날 사랑한다고 말을 안 했어요." "굳이 할 필요가 없는 말도 있소." "전엔 사랑이란 말을 중시해서 말로 해야만 영원한 줄 알았죠. 하지만 지금 생각해 보니 하든 안 하든 차이가 없어요. 사랑 역시 변하니까요." "내가 가장 아름다웠던 시절에는 사랑하는 사람이 곁에 없었죠."

여관방에 엎드려 시를 썼다. 〈사랑에 관한 짧은 필름〉의 '그'와 〈동사서독〉의 장만옥을 만나게 해야 했다. 왠지 그래야 했다. '그'는 어느 먼 바닷가로 여행을 떠나 왔고 장만옥은 바닷가의 어느 여관에서 누군가를 기다리고 있어야 했다. 이들은 낡은 여인숙에서 만나 속절없이 사랑을 나눠야 했다. 그들은 비린내 나도록 외로운 사람들이었으니까. 이틀 동안 그 여관방에서 '밀물 여인숙'이라는 연작시 3편을 만들었고 얼마 뒤 그 시로 등단이라는 걸 하게 되었다.

지금 생각하면 그 시절 그 장면들, 그 시들은 완벽한 신파다. 하지만 그때는 정말이지 사랑이라는 걸 하고 싶었다. 아무나 붙잡고 나랑 사랑하자고 말하고 싶었다. 외로웠고, 외로웠고 또 외로운 그런 날들이 있는 것이다. 이유 따위는 묻지 말기를. 우리를 외롭게 하는 일은 널려 있고, 우리가 사랑해야 하는 이유는 넘쳐나니까. 그리고 나는 스물 다섯 살이었고 시를 쓰고 싶었고 게다가, 게다가 봄날이었으니까.

012

모든 별들이 내게로 향했던 시간 ; 터키 케코바에서 보낸 며칠

터키로 떠나기 전 한 선배 여행자를 만났습니다.

그 선배는 내게 이렇게 말했습니다.

터키 남부에 케코바라는 곳이 있어. 그곳에서 이틀만 묵어봐. 밤이면 별을 보는 거지. 차가운 맥주가 있다면 더 좋을 거야. 별이 어떻게 둥근 원을 그리며 끝없이 회전하는지를 알게 될 거야.

나는 수첩에 적었습니다.

케코바에서 별을 바라볼 것. 차가운 맥주가 있어야 함.

잠에서 깼습니다. 아침 6시. 창문으로 햇살이 폭포처럼 흘러들어 왔습니다. 어제도 그랬고 그제도 그랬듯이 1층 식당으로 내려가 아침을 먹었습니다. 토스트와 벌꿀에 절인 올리브, 요구르트, 치즈, 오렌지 주스로 이뤄진 가벼운 아침 식사였습니다. 올리브는 달콤했고 요구르트는 신맛이 강했습니다. 치즈는 고소했고 오렌지 주스는 신선했습니다.

케코바에 온 것입니다.

지진으로 파괴되어 물 밑으로 가라앉은 해저 도시 아폴로니아가 있는 곳입니다. 성곽과 교회와 집과 골목이 물에 잠겨버렸습니다. 물 위에 솟은 십자가를 만날 수 있는데 무덤입니다. 무덤만이 바다 위에 덩그러니 떠 있는 거죠.

케코바에서의 시간은 느리게, 아주 느리게 흘러갔습니다. 생활은 대충 이랬습니다.

아침 식사를 한 후 방에서 책을 읽습니다. 경주와 담양과 태백의 사진이 담긴 강운구 선생의 사진집을 보았습니다. 풍경은 아름다우면서도 황폐했습니다. 그래서 약간 서글퍼지더군요. 소설가 강석경의 〈능으로 가는 길〉도 읽었고 한국에서 프린트해 온 몇 편의 시를 읽었습니다. 가끔 고양이 한 마리가 창틀에 올라와 하품을 해대곤 했습니다.

책을 읽다 지루해지면 카메라를 메고 산책을 가곤 합니다. 하나의 골목을 정해 골목 끝까지 걸어갔다 돌아옵니다. 계단을 찍고 창틀에 놓인 화분을 찍고 골목에서 뛰어노는 아이들을 카메라에 담습니다. 가끔씩 기념품을 파는 여인들이 빙긋이 웃어 보이며 '악마의 눈(터키 전통 문양의 일종)'을 새긴 팔찌를 '원 리라' 하며 내보입니다. 물론 사도 그뿐, 사지 않아도 그뿐이죠.

낮에는 보트를 타고 바다를 돌아다닙니다. 물 밑에는 거대한 도시가 가라앉아 있습니다. 맑은 지중해 바다 위를 배 타고 지나며 아폴로니아의 성벽과 돌담, 계단 등을 굽어봅니다. 고개를 빼고 자세히 보아야 볼 수 있습니다. 물결이 흔들릴 때마다 옛 도시의 흔적이 물 위로 흐릿하게 번집니다. 물 속, 죽은 자들의 도시. 성벽 위를 헤엄치는 물고기 떼가 애잔합니다.

오후에는 부두로 나가 시간을 보냅니다. 들고 나는 배를 한참 동안 바라보곤 하죠.
배가 도착하고 다시 배가 떠나고…… 마치 누군가를 기다리고 있는 사람처럼 부둣
가의 카페에 앉아 커피와 홍차를 홀짝거리며 배에서 내리는 사람들을 바라봅니다.

그리고 밤에는……
밤에는 별을 봅니다.
별들은 나를 쓸쓸하고 참혹한 표정으로 바라보고 있습니다.

케코바의 별들을 바라보다 이런 생각이 들었습니다.
나는 어쩌면 이곳에 오기 위해 지금까지 살아왔는지도 모른다.
우리 인생은 저 별빛처럼
애타게 바라보는 누군가에게 닿기 위해
수십만, 혹은 수억 광년의 거리를 훌쩍 날아가려는 시도입니다.
우리가 그렇게 하는 이유는 외롭지 않기 위해서죠.

죽은 자들이 가득한 이 조그만 도시에서
밤하늘을 봅니다.
맥주를 마십니다.

케코바에서 적은 문장은 이것입니다.

모든 별들이 내게로 향하고 있음.

013

카메라에 대한 몇 가지 단상

질투

그래, 질투라고 해두자.

내가 너를 향해 셔터를 누르는 건 순전히 질투 때문이지.

내가 너를 갖지 못할 것임을 알고 있기 때문이지.

고양이를 쓰다듬듯

고양이를 쓰다듬듯 조심스럽게 셔터를 눌러야 해. 이건 말이야 아주 예민한 물건이야. 흔들려도 안 되고 셔터를 너무 오래 눌러도, 짧게 눌러도 안 되거든. 숨을 힘껏 마신 다음 천천히 내뱉어. 네 가슴 속으로 들어왔던 숨이 반쯤 남았을 때, 그때 셔터를 누르는 거야. 60분의 1초면 충분해. 자, 이제 그 사람은, 그 풍경은 네 것이 된 거야.

다알리아 화분, 빗방울이 내려앉는 창틀, 하얀 도자기 그릇에 담긴 스파게티, 건너편 테이블에서 편지를 쓰는 사람, 차창에 비치는 나무, 호텔의 장식물들, 공중전화, 어슴푸레한 가로등, 환하게 웃는 아이들, 붉은 주전자, 워터멜론 쉐이크, 너의 눈물과 손목과 너의 뒷모습, 클래식 카, 떠나가는 기차, 푸른 하늘에 떠 있는 흰 구름, 바람과 코스모스, 안개, 나를 마중하기 위해 플랫폼에 나온 너……

내가 지금 카메라를 꺼내는 이유.

어느 날, 나는 내 삶에 반드시 기억해 두어야 할 사건(훗날 우리가 추억이라고 부르게 될)과 그 사건이 일어난 순간, 그 순간 속에 깃들었던 존재가 있다는 것을 알게 되었다. 그리고 그것들은 언젠가 덧없어질 것이며 나는 그 사건과 순간과 존재를 애타게 그리워할 것이라는 사실도. 사진작가 베르나르 포콩은 "더 이상, 찾지 마라, 모든 것이 거기, 사진 속에, 시간 속에 있다"고 말했다. 우리는 한 장의 사진에서 우리가 걸어왔던 길, 우리 곁에 머물렀던 것, 이제는 떠나가 돌아올 수 없는 것들을 본다. 우리는 한 장의 사진을 보며 눈물짓기도 하며 미소를 머금기도 한다.

아아 그런데, 도대체 이 빛들은 어디서 머물다 내게 당도한 것일까.

잠시 아프다, 저려온다

파인더에 눈을 대면 흘러가던 풍경과 사람들이 자세를 바로 잡고 가만히 멈춰 선다. 그것들은 나를 조용히 응시한다. 세상은 잠시 고요해지고 나는 그 고요의 틈에서 슬며시 셔터를 누른다. 찰칵. 셔터가 열렸다 닫히면 모든 것은 다시 흘러간다. 제 갈 길을 간다. 셔터를 누르는 순간 나는 잠시 아프다, 저려온다. 그것들을 다시 못 볼 것임을 알기에, 내일이면 나는 그것들을 깨끗하게 잊을 것임을 이미 알고 있기에……

Sewing
Studio
ALTERATIONS
om Mally's

10月21日 13:00-14:00 お誕生会　除幕セレモニー
13:00-16:00 全館開 無料出張サイフォーマンスイベント
入場無料 参加無料
場所 土淵川合野町緑地、吉井酒造煉瓦倉庫 弘前市
主催 NPO法人 harappa 主催 弘前市
問合せ harappa事務局 TEL. 0172-31-0195 www.harappa-h.org
特別協力：NPO法人 harappa、小山温泉
●掲載されている情報は、変更する場合がございます。
最新の情報は、ホームページをご覧になるか、事務局までお問い合わせ下さい。

2박 3일

1박 2일은 좀 아쉽고.

3박 4일은 어쩌면 지루할 것 같고.

2박 3일.

딱 좋아.

너 없이 떠나는 여행.

너 없이도 그럭저럭 즐거울

너를 그리워하기에도 충분한 시간.

시차

시차(時差) *a time difference; the equation of time*

세계 표준시를 기준으로 하여 정한 세계 각 지역의 시간 차이.

예문 독일에 처음 도착하는 날 아이들은 시차에도 불구하고 피곤하지도 않은지 아침 일찍 일어나 복
도와 층계를 뛰어다니며 좋아했다.

도쿄의 어느 골목을 걷다 헤어진 첫사랑과 우연히 마주쳤다.
나는 그녀를 알아보았고
그녀 역시 나를 알아보았다.

우리는 잠깐의 눈인사를 나누고 서로를 지나쳤다.

우리는 같은 장소에서 시차를 경험했다.
나는 그녀와의 과거를 떠올렸지만
아마도 그녀는 나와 만난 현재를 기억하고자 했을 것이다.

우리는 각자 다른 길과 시간 속으로 빠르게 흘러갔다.
그것은 헤어짐이라고도 부를 수 있는 것이었다.

本
BOOK
よしなが
JA
MP

おみやげ
壹七館
たぎ だや
中華の珍来
オータニホテル
手前5m
左折です
スナウ
綾
ホテル
双葉
LODGE
MAKOTOYA

영원한 현재

난 걸어야 할 땐 그냥 걸어요. 걷는 것에만 집중해요.

음식을 먹는 동안엔 내 모든 신경은 혀끝으로 몰려요.

그리고 누군가와 싸울 땐 나는 창을 집어 들고 무조건 앞으로 돌진해요. 눈앞에 풍차가 있는 한, 나는 그 풍차와 끝까지 싸울 거예요. 죽는다면 할 수 없죠.

난 지금 과거를 사는 것이 아니에요. 미래에도 관심이 없어요. 난 영원히 현재에 머물 거예요.

다시 한 번 말 할게요.

오직 이 순간만이 전부이고 영원하다는 것.

017

마라도에서

무엇이 나를 마라도로 오게 했을까.
바다 한가운데 비행접시처럼 우두커니 떠 있는 섬.

낮 동안 바글거리던 여행객들이 돌아가고
저물 무렵부터 이 작은 섬은 온통 파도 소리와 바람 소리로 가득 찬다.

벼랑 가까이 눈을 감고 가만히 선다.

잊었다고 했는데
그립지 않을 거라고 여겼었는데

아, 내 속으로 들어온 바람 소리
파도 소리

나를 흔들어 깨우는 이

내 마음은 까마득한 바다를 건너
너에게로 기어코 번져간다.

봄날은···

봄날은

그냥 조용히 흘려 보내는 것.

그걸 청산도에 가서 알았어요.

초록으로 떨어지는 자줏빛 양귀비를 보며

비로소 알았어요.

84° 85°

점만 보고 달려 가

지난 2주는 최악이었다. 아끼던 렌즈가 아스팔트에 떨어져 박살이 났고 마감 스케줄과 출장 스케줄은 엉켜버렸다. 아파트 중도금을 마련하느라 동분서주했고 몸살마저 겹쳐 버렸다. 그래도 술은 계속 마셔댔다. 모든 것이 엉망이었다. 친구는 14년을 함께 한 아내와 헤어져야겠다고 전화로 울먹였다.

이제는 알고 있다. 저기 저 멀리 점 하나를 찍고 거기까지 그냥 달려가야 한다는 것. 그게 제일 속 편하다는 것. 달리는 중간에 어떤 일이 일어날지는 아무도 모른다는 것. '무조건' 점만 보고 달려가야 한다는 것.

그냥 점만 보고 달려 가!

밴프의 전나무숲

그가 말했다.

숲을 보고 있으면 말이야. 인간의 운명이라는 것이 보잘 것 없다는 생각이 들어.

우리의 평생을 바쳐도 저 빽빽한 숲의 나무 한 그루도 제대로 이해하지 못할 거야.

88° 89°

길 위의 삶

여행 중인 그들

서른? 글쎄…… 서른 살을 특별히 의식하면서 살아오지는 않았어요. 스물 여덟 살까지 난 평범한 회사원이었지만 스물 아홉 살부터 여행자가 됐죠. 서른 살에도 여행 중이었고 지금은 서른 한 살. 난 여전히 여행 중이에요. 음, 그러고 보니, 어느덧 여행을 하며 3년이 지나갔네요. 이십 삼일 후면 서른 두 살이 되는군요. 여행을 하며 깨닫게 됐어요. 스물 아홉이든, 서른 둘이든, 마흔이든 그건 내게 아무 문제가 되지 않아요. 지금 내게 중요한 건 나이가 아니에요. 중요한 건 내가 여행 중이라는 사실. 여행을 하며 내 삶을 계속 만들어가고 있다는 거예요. 직장생활을 하며 삶의 지도를 그려나가는 것이나 여행을 하며 삶을 만들어가는 것이나 뭐가 다르죠? 예전에 난 평범한 직장인이었지만 지금의 나는 평범한 여행자예요. (베이징에서 온 나나)

혼자서 오랫동안 여행을 한다는 게 두렵지 않냐구요? 전혀. 혼자서 뉴욕에서 살아간다는 게 더 끔찍한 일이죠. (뉴욕에서 온 캐런)

만족스러운 삶이 어디 있겠어요? 삶이 항상 만족스러울 수는 없다는 거. 그건 누구나 다 알고 있는 거 아닐까요? 하지만 적어도 여기에선 넥타이를 매고 혼자 공원에서 샌드위치를 먹지 않아도 되잖아요. (런던에서 온 스튜어트)

정확히 15년 전에 남편과 함께 이곳 박하 시장을 찾았지. 그때와는 많이 변했어. 길도 넓어졌고 많은 건물이 들어섰어. 관광객도 훨씬 많아졌지. 물론 우리도 변했어. 어느새 흰 머리가 가득해. 변하지 않은 건, 지금 이 자리에 서 있는 느낌이야. 우리는 여전히 설레고 있어. (네덜란드에서 온 하퍼 부부)

여행하니까 좋은 거요? 그걸 어떻게 다 말할 수 있겠어요? 다 좋아요. 다 좋아. (서울에서 온 김민정)

여행의 매력? 잭 존슨을 들으며 마리화나를 피울 수 있다는 것. (보스턴에서 온 유진)

지금 내게 가장 중요한 거? 그건, 으음, 그건 오늘 밤 숙소를 구하는 일이야. (브라질에서 온 마르치노)

행복에 겨운 그들의 얼굴을 보면 나도 저절로 행복해져요. 도쿄에서는 웃으며 걸어가는 사람을 보기 힘들거든. (도쿄에서 온 사사키)

오늘은 오토바이를 타고 여덟 시간을 달렸어. 멋지지 않아? 가슴이 터져버리는 줄 알았다구. 젠장, 왜 이제야 여행이라는 걸 알게 됐는지. (프랑크푸르트에서 온 미구엘)

We want more! 더블린의 악사들

비행기 창문 아래로 아일랜드가 아스라이 보였다. 콧등이 시큰했다. 미간이 저려왔다. 너무나 와보고 싶었던 나라 아일랜드. '나는 지금 아일랜드로 가고 있다' 라는 이 한 줄 문장을 쓰기 위해 참 많은 시간을 기다려 왔다. 당신은 혹시 사무치게 가고 싶은 곳이 있으신지.

더블린에서 한 일은 오래된 벽돌길을 걷는 것이 전부였다. 아침부터 저녁까지 이 골목 저 골목을 여행했다. 저녁이면 템플바 거리로 나가 쏘다녔다. 아이리시 필름 센터와 중고 음반 가게를 돌아다녔다. '더 코어스(The Cores)'나 '무빙 하츠(Moving Hearts)', '유투(U2)'의 음반을 구경했다. 아일랜드 장식품과 티셔츠를 파는 가게를 기웃거리기도 했다. 그리고 해질 무렵이면 템플바로 다시 돌아왔다. 5유로를 내고 기네스 한 잔을 마셨다.
런던의 살인적인 물가에 진저리가 나서 얼른 이곳으로 도망온 거야. 그나마 이곳 더블린 물가는 싸거든. 5유로짜리 기네스 1파인트가 런던에서는 5파운드나 한다니까.
리투아니아에서 왔다는 루이스는 고개를 흔들며 이렇게 말했다. 그는 3개월째 유럽을 여행 중이었고 더블린에 도착한지 일주일째였다. 유투의 지독한 팬이라고 자신을 소개한 루이스는 유투의 사인이 들어간 '아이팟 유투 에디션'을 보여주었다. 우리는 템플바 귀퉁이에서 기네스를 홀짝이다 이야기를 나누게 됐다.

E AS NICE 5

게다가 더블린에는 진짜 음악이 있거든. 거리에서 노래 부르는 저들이 진정한 아티
스트야.

루이스의 말대로 템플바 거리에는 '아티스트'로 넘쳐났다. 오후가 되면 여기저기서
밴드들이 출몰했다. 이 거리에서는 락이 흘러나왔고 저 거리에서는 통기타 연주가
들렸다. 어느 모퉁이에서는 재즈가 연주됐고 반대편 모퉁이에서는 타악기 소리가
흘러나왔다. 색소폰 소리가 들리기도 했다. 템플바의 '거리의 악사'들은 저마다의
음악을 신나게 펼쳐 보였다. 여행객들은 자신이 마음에 드는 음악을 연주하는 밴드
앞으로 가 몸을 흔들었다. 간혹 경찰관들이 밴드 앞으로 가 다른 곳에서 연주할 것
을 '권유'하기도 했지만 관객들의 야유에 어깨를 으쓱하고는 돌아가야만 했다. 연주
가 끝날 때마다 관람객들은 "We want more"라고 외쳤다.

We want more

   We want more

      We want more

         We want more

Fitzers

Modern Irish Bistro

Brasserie Moderne
Irlandaise

Bistro Estilo
Irlandés Moderno

Bistro Irlandese
Moderno

Botticelli
RISTORANTE
Nastro Azzurro
Botticelli
THE TEMPLE BAR
THE TEMPLE BAR
TOBACCO
MEXICO
TO ROME
EARLY BIRD
€13.95

THE TEMPLE BAR
ESTD. 1840
LE BAR
TEMPLE BAR
THE EMPEROR OF BOTTLED LIQUORS
GUINNESS
Public Debate
SHOULD WE GO NUCLEAR?
TRNC 6
an Ccampaill
THE TEMPLE BAR

Camden
KENTISH TOWN
ROAD   NW1
THE CAMDEN EYE

연인들

그들은 마치 이 세상에 그들만 존재하는 것처럼 행동한다. 머리를 쓰다듬고 볼을 어루만지고 키스를 하고 꼭 잡은 손은 놓지 않는다. 그들은 인생의 전부를 사용하여 한 발자국씩 서로에게 가까이 다가가기를 원하고 실제로 그러기 위해 노력한다.

그런데 여행길에서 연인들은 왜 서로에게 좀 더 관대해지지를 않는 것일까. 한 달간의 배낭여행을 다녀온 친구가 말했다.

젠장, 나중에는 누가 밥을 더 많이 먹어야 하냐는 문제로 싸우게 되더라.

나그네의 뒷모습

홀로 저문 길을 걸어가는 나그네의 뒷모습을 보라.

그는 길이 끝나는 곳에

아직 문을 닫지 않은 카페와

그의 몸을 뉘일 수 있는 침대가 있다는 것을 알고 있다.

그리고 그 곳에서

길이 다시 시작될 것임을 알고 있다.

PUBLIC
UNDERGROUND
SUBWAY
38

025

므앙노이 가는 길

므앙노이로 가봐.

루앙프라방 빅 트리 카페의 아드리가 말했다. 사진작가인 그는 나와 지니에게 므앙노이로 가면 재미있는 풍경을 만날 수 있을 것이라며 엄지 손가락을 추켜세웠다. 조그마한 마을이야. 마을 끝에서 끝까지 걷는 데 20분이면 충분해.

이튿날 아침, 므앙노이로 가기 위해 농키아우로 가는 버스를 기다리고 있는데 아드리가 말했다. 초이, 닭들을 조심해. 그는 싱긋이 웃었다.

농키아우에 도착해 므앙노이로 가는 배를 탔다. 므앙노이는 라오스 루앙프라방에서 농키아우까지 버스로 3시간 반, 농키아우에서 보트로 다시 1시간을 가야 하는 곳이다. 기다란 나무보트에는 나와 지니 그리고 배낭여행자 스무 명 남짓, 현지인 예닐곱 명이 빡빡하게 앉았다. 다리도 제대로 펴지지 않는 보트에 비좁게 앉아 한 시간을 가야 하는 일은 분명 고통이지만 아름다운 강 풍경은 그런 고통쯤은 가볍게 여기게 하기에 충분했다. 배 앞에는 배 주인 겸 운전사가 앉아 키를 잡았고 배 맨 뒤쪽에는 그의 아내가 앉았다. 배가 출발할 때 나와 지니는 배 맨 뒤쪽으로 자리를 옮겼다.

20여 분을 그렇게 강을 거슬러 올라갔을까. 갑자기 물살이 급해지는 구간이 나타났다. 배 주인은 강기슭에 배를 대었다. 그는 배에 탄 모든 이들에게 내리라고 했다. 배낭여행자들이 이해할 수 없다는 표정으로 모두 내렸다. 하지만 배에 타고 있던 현지인들은 내리지 않았다. 나와 지니도 내리려고 했는데 배 주인이 우리를 보고 눈을 찡긋했다.
당신들은 내릴 필요 없어. 그대로 배에 타고 있어. 그런 눈빛이었다. 나와 지니는 슬그머니 배에 다시 앉았다.

배낭여행자들이 모두 내리자 배는 다시 출발했다. 얼마 후 나와 지니는 배낭여행자들을 내리게 한 이유를 알게 되었다. 강바닥이 얕아 사람들을 모두 태운 채로는 강을 거슬러 올라갈 수가 없기 때문이었다.

배에는 나와 지니, 현지인들만이 남았다. 현지인들은 나와 지니가 메고 있는 커다란 카메라에 관심을 보였다. 우리는 그들을 향해 셔터를 눌렀고 LCD 화면에 나타난 그들의 모습을 보여주었다. 그들은 자신들의 모습을 보며 환하게 웃었다. 그리고는 아이를 우리 앞에 차례로 데려다 놓았다. 아이들의 사진을 예쁘게 찍어달라는 것이었다.

사진을 찍으며 한바탕 떠들썩하게 노는 사이 배는 다시 어느 강기슭에 섰고 여행자들을 태우고 출발했다. 하지만 배는 10여 분을 간 후 다시 어느 모래톱에 서야 했다. 배 바닥으로 물이 차 올랐기 때문이다. 배 주인의 아내는 배가 출발할 때부터 맨 뒷자리에 앉아 조그마한 바가지로 끝없이 물을 퍼내고 있었는데 감당하기 힘들었던 모양이었다. 배주인은 배를 세우고 아내와 함께 물을 퍼내기 시작했다. 얼마간의 시간이 흘렀을까. 배는 므앙노이에 도착했다.

여행자들이 다 내리고 나는 배 주인에게 물었다. 당신 아내가 힘들어 보여. 당신은 왜 배를 수리하지 않는 거지?

그가 대답했다.

배를 수리하려면 많은 돈이 들어. 돈도 돈이지만 배를 수리하면 아내가 할 일이 없어져. 나도 아내가 힘들어 하는 게 싫어서 아내에게 배를 수리하겠다고 말했지. 하지만 아내가 거절했어. 그녀는 나와 같이 많은 시간을 보내기를 바라고 있어.

멀리서 그의 아내가 미소를 보내오고 있었다.

가이드 왕

왕Wang은 서른 아홉 살.

베트남 남부 어디에서 태어났다는 그는 이태 전 사파에 왔다.

지금까지 양치질을 해본 적인 없다는 왕.

나와 눈이 마주칠 때마다 검은 이를 드러내며 웃었다.

나이에 어울리지 않게 조금은 귀여웠다.

어느 날, 우리는 무작정 오토바이를 타고 달리기로 했지만 안개가 너무 심해 할 수
없이 일정을 다음날로 미뤄야 했다.

집에 가자. 네게 보여줄 게 있어.

그는 나를 자기 집으로 이끌었다.

낡은 침대와 냄비 하나가 소품처럼 놓여 있는 단출한 왕의 방.

그의 재산목록 1호인 오토바이가 방의 절반을 차지하고 있었다.

잠깐만 기다려.

얼마 지나지 않아 그는 내게 국수 두 그릇을 만들어 왔다.

왕은 오토바이에 앉아서
나는 왕의 침대에 앉아서
묵묵히 국수를 먹었다.
열린 문틈으로 사파의 지독한 안개가 밀려들어 왔다.

국수를 다 먹고
담배 한 대씩을 맛있게 피우고

오늘은 오토바이를 타고 나가기에는 틀린 것 같아.

내가 이렇게 말하자 왕은 금새 시무룩해졌다.

오늘은 재수가 없는 날이야. 안개가 내 5달러를 가져가 버렸어.

나는 아무 말도 하지 못했다.
왜냐하면 왕은 고향으로 돈을 보내야 했거든.
아내와 두 딸을 위해 매일 나 같은 뜨내기 여행자를 태우고 비포장길을 달려야 했
거든.

괜찮아.

왕은 아무렇지도 않은 듯 말했지만 사실 아무렇지도 않은 얼굴이 아니었다. 하지만
그는 정말로 괜찮아, 라고 말했다.

그렇게 서로가 말없이 얼마나 있었을까. 갑자기 왕이 내게 보여줄 것이 있다며 침대 밑을 가리켰다.

나는 꼬깃꼬깃한 지폐 뭉치나 가족 사진인 줄 알았다.

왕이 내게 보여준 건

주황색 비닐 봉지로 싼, 신문지 크기만한 사파 지도.

이게 내 보물 1호야.

사파에서 이 지도를 가지고 있는 가이드는 나뿐이야.

초이, 가고 싶은 곳이 있다면 손가락으로 가리켜. 내가 어디든 데려다 줄게.

기억난다.

내가 어디든 데려다 줄게, 라고 말하던 왕.

정말로 어디든 데려다 줄까봐 나는 차마 말하지 못했지.

여행자들

차들이 엉켜 있는 복잡한 사거리에서

신호에 관계없이 횡단보도를 느릿느릿

자신만의 속도로 걷는 자들.

028

고양이 얌체

작업실 앞에 커피 가게가 있다.

원고가 풀리지 않을 때 슬리퍼 차림으로 가끔 커피를 마시러 가곤 한다.

테라스에 앉아 커피를 마시고 있으면 고양이 한 마리가 슬쩍 다가온다.

이름이 '얌체'다.

커피 가게에서 기르는 건 아니고 도둑고양이다.

커피향을 좋아해 이따금씩 들르곤 한단다.

녀석과 오래 눈을 맞추다 커피잔을 내미니 무릎으로 냉큼 올라온다.

턱을 쓰다듬어 주니 눈을 스르르 감는다.

커피 한 잔을 다 마시고 담배 몇 모금을 피우고 난 후

녀석을 향해 슬쩍 카메라를 내민다.

찰칵! 셔터 소리가 나자 처음에는 움찔 놀라더니 이내 익숙해지는 모양이다.

이리저리 포즈를 취해준다.

오늘 조금 친해진 얌체라는 고양이.

녀석을 향해 슬쩍 카메라를 내민다.

이별을 견디는 것 ;
겨울나무 아래에서

산다는 것은 이별을 견디는 것이다.

마침내 시간이 흘러

꽃들은 향기와 이별하고

새들은 아름다운 목소리와 이별한다.

숲은 싱그러움과 이별하고

밤하늘의 별들은 빛과 이별해 어둠 속에 묻힌다.

어느 겨울나무 아래에서

나는 한 사람의 일생을 본다.

모든 것과 이별하고

마침내 자유로워진 한 사람.

바람과 안개로 이루어진

그의 마지막 포즈.

그는 지금 이별을 견디고 있다.

SALE
On select items
SALE
35%
OFF
easy

이봐, 급할 건 없어

길을 가다 소떼를 만났다. 그들은 낯선 이방인에게 길을 열어주지 않았다. 한참 동안을 기다렸다. MP3로 트래비스Ttravis의 음악을 세 곡 듣고, 담배를 두 대 피웠다. 급할 건 없었다. 어차피 나는 여행을 떠나온 것이고 나를 기다리는 일도, 마감도 없으니깐. 게다가 이 작은 섬에서 아직 사흘을 더 보내야 하거든.

카오산 로드, 거대한 우체국

왜 카오산 로드냐구요?

그럼 카오산 로드가 아니면 어디를 가야 할까요?

이제 카오산 로드에 대해서는 말하지 않겠어.

너무 많은 사람들이 카오산 로드를 말했으니까.

카오산 로드. 하나의 거대한 우체국.

서울에서 3년 동안 만나지 못한 선배를 카오산 로드에서 우연히 만났어요. 그 선배와 정말로 밥을 같이 먹었어요. 지난 3년 동안 '언제 밥 한 번 먹자'고 전화한 게 백 번도 넘었는데 말이죠.

여기선 백 번도 사랑하고 백 번도 헤어질 수 있을 것 같아요. 그래도 아프지 않을 수 있을 것 같아요.

여긴 너무 시끄러워. 창녀 같아. 지저분해. 그런데 여길 떠나기가 싫어. 이유는 나도 모르겠어. 빌어먹을, 카오산 로드!

032

사파에서의 나흘

베트남 하노이B 역에 도착했을 때는 오후 8시였다. 역은 한 치 앞을 내다볼 수 없는 짙은 안개로 뒤덮여 있었다. 안개 속에서 커다란 배낭을 짊어진 여행자들과 짐보따리를 든 현지 주민들이 서성였다. 라오까이로 가는 기차의 출발 시간은 밤 9시 15분.

일단 기차를 타는 거야. 10시간 후, 우리는 라오까이에 도착해 있을 거야. 박하로 가는 버스는 거기서 알아보면 되겠지 뭐. 후배 K가 말했다.

기차는 9시 15분 출발했다. 밤기차는 10시간을 달려 새벽 5시 30분에 라오까이 역에 도착할 예정이다. 박하는 라오까이 역에서 다시 2시간을 버스로 가야 한다. 기차 침대칸에 들어서자 서양 아줌마 2명이 먼저 자리를 잡고 있었다. 우리를 보곤 "Hello, Boys!"라고 반갑게 맞아주었다. 그들의 이름은 켈리와 아이린. 아일랜드에서 왔다고 했다. 그들은 보름째 베트남을 여행 중이며 라오까이를 거쳐 사파로 갈 예정이라고 했다. 기차는 삐걱거리며 출발했다. 우리는 아이포드에 미니 스피커를 연결하고 제이슨 므라즈와 노라 존스를 들었다. 켈리와 아이린은 좋은 음악을 듣게 해줘서 고맙다며 비아 하노이를 사겠다고 했다. 'cheers!' 기차는 안개 속으로 들어갔다.

까무룩 잠이 들었을까. 창밖에는 어느덧 여명이 밝아오고 있었다. '라오까이' 하는 안내원의 외침이 들려왔다. 주섬주섬 짐을 챙기고 역 밖으로 나왔다. 역에는 미니버스 30대 가량이 대기하고 있었다. 사파로 가는 여행자들을 태우기 위한 버스였다. 켈리와 아이린은 사파로 가는 미니버스에 올라탔다. 손을 흔들며 그들이 말했다. Enjoy! Boys.

역에서 나와 곧바로 직진하니 버스터미널이 있었다. 그곳에는 BACHA라는 팻말을 단 허름한 버스 1대가 정차해 있었다. 버스는 아슬아슬한 산길을 따라 올라갔다. 길옆은 낭떠러지였다. 창밖으로 보이는 계곡이 아득했다. 버스가 모퉁이를 돌 때마다 사람들이 손을 들었고 그때마다 버스는 정차해 그들을 태웠다. 더 이상 탈 자리가 없다고 생각했지만 신기하게도 자리가 났다.

박하에 도착한 시간이 오전 9시 20분. 버스에서 내리니 화려한 전통의상을 입은 여인들이 줄지어 시장으로 가고 있다. 그들의 뒤를 따라 시장으로 향했다. 시장은 발 디딜 틈 없이 복잡하다. 노천 이발관에서는 아저씨가 이발을 하고 있고 시장 한 켠에서는 흐몽족이 순대와 국수를 먹고 있는 모습도 눈에 띈다. 수공예품을 파는 거리를 지나면 각종 야채와 술을 파는 노점이 이어지고 다시 고기를 파는 곳으로도 이어진다.

후배 K는 시장 이곳 저곳을 돌아다니며 사진을 찍었다. 이곳 박하의 플라워 흐몽족은 사진 찍히는 데 별로 거부감이 없다. 사파 일대의 다른 소수민족이 사진에 강한 거부감을 가지고 있는 반면 플라워 흐몽족은 호의적이다. 일부러 포즈를 취해주기도 한다.

박하 일요시장은 아침 9시 무렵부터 시작돼 12시 무렵이면 파장이다. 장에 온 이들은 밤새도록 가파른 고개를 넘어가야 하기 때문에 정오에 출발해도 자정 무렵에야 집에 도착할 수 있다. 나와 K 역시 오후 2시 버스를 타고 라오까이로 다시 이동했다. 라오까이로 가는 버스 역시 만원. 외국인은 나와 후배 K 단 둘뿐이다. 사람들이 우리가 메고 있는 커다란 카메라를 신기한 듯 바라다본다.

그렇게 다시 라오까이에 도착한 시간은 오후 4시. 라오까이에서 다시 사파로 가는 미니버스로 갈아 타고 사파에 도착하니 오후 5시 30분이다. 어느새 날은 어두워지고 있다. 우리는 마운틴 뷰 호텔에 짐을 풀었다. 마운틴 뷰 호텔은 사파 끝자락에 있다. 사파 최초의 여성 트레킹 가이드인 주안 홍 여사가 운영한다. 코너에 있는 방들은 정말 멋진 전망을 가지고 있다. 사파 계곡이 한눈에 내려다보인다.

다음날 아침 8시. 마운틴 뷰 호텔에서 오토바이를 2대 빌렸다. 사파에서 출발해 나오 차이와 타 반, 지앙 타 차이, 반호 마을까지 가기로 했다. 가이드는 '호이'와 '왕'이다. 호이는 하노이에서 대학을 마친 엘리트 청년, 왕은 사파 토박이다.

해발 약 1,600m의 아름다운 계곡에 자리한 사파는 1922년에 세워진 오래된 고원도시(Hill Station)로 베트남과 중국 국경도시인 라오카이에서 서쪽으로 30km 떨어져 있다. 타이족과 자오족, 흐몽족 등 다양한 산악 부족들이 그들의 독특한 문화를 간직한 채 살고 있다.

사파는 잊혀진 도시였죠.

호이가 말했다.

하지만 최근 사파가 다시 주목받고 있어요. 다양한 소수민족의 삶을 엿볼 수 있고 아름다운 자연경관을 간직하고 있기 때문이죠. 이건 아이러니예요. 사파가 다시 부활할 수 있었던 건 그 동안 철저히 잊혀졌기 때문이에요.

우리가 가장 처음 찾은 마을은 라오 차이 마을. 블랙 흐몽족이 살고 있는 곳이다. 블랙 흐몽족은 수천 년 전에 라오스에서 타이로 이주한 부족이며, 검은색 옷으로 치장하고 있다. 마을 입구에는 열명 정도의 블랙 흐몽족 여인들이 앉아 자수를 놓고 있다. 우리를 본 여인들이 지갑과 팔찌 같은 장신구를 내민다. 호이가 말한다.

너무 심하게 깎지는 마세요. 이 사람들은 그다지 욕심이 없는 사람들이에요. 당신들한테는 몇 푼 안 되는 돈이지만 이들에게는 아주 큰돈이랍니다. 게다가 이 물건들은 이들이 직접 손으로 만든 거예요. 이들 모든 것들이 세상에서 단 하나밖에 없는 것들이죠.

라오 차이마을까지 내려가는 길은 비포장 흙길이다. 오토바이는 물웅덩이를 건너면서 위태롭게 나아간다. 아이들이 오토바이 뒤를 따른다. 사파 지역의 가장 대표적인 소수민족은 흐몽족과 자오족이다. 19세기 중국에서 내려온 흐몽족은 베트남에서 가장 큰 소수민족 중 하나로, 사회적으로 가장 혜택을 적게 받고 있는 불쌍한 종족이기도 하다.

라오 차이에서 오토바이로 1시간여를 가면 지앙 타 차이 마을이 있다. 레드 자오족이 살고 있는 마을이다. 약 47만 명으로 추정되는 자오족도 55만 명인 흐몽족과 함께 베트남에서 가장 큰 소수민족 중 하나로 분류되며, 이 지역 일대에 거주하고 있다. 독자적인 문자도 지니고 있는데 붉은 모자를 쓴다. 지앙 타 차이 마을에 들어서자 어린이들이 몰려와 목걸이와 팔찌를 내밀어 보인다. "Tres Jolie('매우 이쁘다'는 뜻의 불어)"를 남발한다.

우리는 다시 오토바이를 돌려 반 호 마을로 갔다. 따이족이 살고 있는 마을이다. 산악 부족 중 가장 인구가 많은 따이족은 북부 지방의 고도가 낮은 지역에 산다. 16세기에 자체 문자를 개발했고 벼농사와 담배, 과일, 약재 재배에 능하다고 한다. 목조 주상가옥에서 살며 남색과 검정으로 된 독특한 옷을 입고 같은 색으로 된 머리 두건을 쓰는 경우가 많다.

반 호 마을에서 호이의 배려로 한 가정을 방문했다. 할아버지와 할머니, 아버지와 어머니 그리고 아들과 딸, 모두 3대가 한 집에 모여 살고 있었다. 맑은 눈을 한 할아버지는 여행자를 따뜻하게 맞아주었다. 손수 끓인 차를 내어주었고 이런 저런 먹을거리를 내어 왔다, 그는 우리에게 사진을 찍어달라고 했다. 그러면서 손자들 옷을 갈아입히고 왔다. 우리는 사진을 찍고 액정화면에 나타난 그들의 모습을 보여주었다.

한국으로 돌아가서 이 사진들을 제게 보내주세요. 그들에게 큰 선물이 될 겁니다.

호이는 이렇게 말했다. 곧 동네 아이들이 몰려왔다. 서로 사진을 찍어달라고 했다. 우리는 그들의 사진을 모두 찍어주고 할아버지의 가족사진도 찍어주었다. 그렇게 사파에서의 첫 날이 지나갔다.

둘째 날 우리는 라이 카우와 반 보 마을을 거쳐 반 타이 마을까지 오토바이를 타고 갔다. 사파에서 라이카우로 내려갈 때 거치는 곳이 바로 트람톤 패스(Tram Ton Pass) 인데, 해발 1,900m인 이 고개는 베트남에서 가장 높은 고갯길이다. 오토바이는 구름 속을 통과했다. 나를 태운 왕은 미끄러지듯 길을 달렸다. 그리고 가끔씩 생각났다는 듯 오토바이를 세웠다.

여기서 사진을 찍으세요. 전망이 좋아요.

우리는 최종 목적지인 반 타이 마을로 향했다. 아주 조그만 마을. 마을 사람들이 이 방인들을 신기하게 바라보는 곳. 우리는 그 마을에서 3시간을 놀았다. 마을을 거닐며 사람들과 이야기하고 학교 운동장에서 아이들과 함께 축구를 했다. 늘 그렇듯 아이들 사진을 찍어주었다. 호이는 우리를 향해 "당신은 여행자들 같지 않다. 이곳 현지인들 같다"며 웃었다.

많은 여행자들이 사파를 방문합니다. 그들은 모두 사탕이나 풍선을 한 아름 가지고 오죠. 그리고는 선심 쓰듯 아이들한테 나눠주곤 떠나버리죠. 머지 않아 아이들은 돈이나 사탕, 풍선을 바라고 구걸에 나설지도 몰라요.

사파에서의 마지막 날 우리는 라오까이까지 오토바이를 타고 가기로 했다. 라오까이까지 가는 길은 지금까지 경험하지 못한 풍경을 보여주었다. 산모퉁이를 돌 때마다 황금빛에 물든 계단식 논이 펼쳐졌다. 산등성이를 깎아 만든 거대한 계단식 논. 입이 다물어지지 않을 정도로 경이로운 광경이었다.

대부분의 사람들은 이 구간을 미니버스로 넘어와요. 오토바이로 넘는 사람은 5%도 안 돼요. 당신은 운이 좋아요. 이렇게 아름다운 광경을 질리도록 볼 수 있으니까요. 미니버스를 타면 쉽게 지나쳐버리거든요.

라오까이 역에 도착했을 때, 온몸은 먼지 범벅이 되어 있었다. 나와 후배 K, 호이와 왕은 서로를 바라보며 웃었다. 호이가 물었다.

이제 당신은 어디로 갈 예정이에요?

하노이로 다시 돌아가서, 라오스 루앙프라방으로 갈 거예요. 그 다음은 어디로 갈지 몰라요. 가봐야 알죠.

호이와 왕과 작별을 나누고 역 앞 카페에 앉아 시간을 보내고 있었다. 7시 무렵이 되니 사파에서 출발한 미니버스들이 몰려들었다. 미니버스마다 10명 남짓한 여행객들이 내렸다. 역은 금세 어둑해졌다.

Hello, Boys! 누군가 우리를 불렀다. 켈리와 아이린이었다.

사파 어땠어? 켈리가 물었다.

좋았어요. 최고였어요. 내가 엄지손가락을 추켜세우며 대답했다.

어제 미니버스를 타고 판 씨 판을 넘다가 너희들을 봤어. 오토바이를 타고 카메라 가방을 메고 잘 다니더구나. 부러웠어. 나와 아이린도 오토바이를 배워둘 걸 하고 후회를 했지.

다음에는 꼭 오토바이 투어를 해보세요. 버스로 다니는 것보다는 훨씬 많은 것을 볼 수 있을 테니까요. 하지만 엉덩이 보호대는 하고 타는 게 좋을 거예요. 무지 아프거든요.

우리는 그렇게 사파에서 4일을 보냈다. 아침에 눈을 뜨면 오토바이를 타고 사파의 자욱한 안개 속으로 떠났고 저물 무렵이 되어서야 먼지 범벅이 되어 호텔로 돌아왔다. 사파의 안개 속에서 비아 하노이를 마셨고 사파의 무수한 별을 보며 잠이 들었다. 사파에서 우리가 한 일은 오토바이를 몰고 길을 나섰다가 그 길이 닿은 마을에 내려 그곳 사람들과 이야기한 것이 전부였다. 하지만 이것이 모든 여행에서 우리가 할 수 있는 전부가 아닐까.

론리 플래닛

론리 플래닛은 위대하다.

깨알 같은 글씨가 가득한 론리 플래닛은 여행자를 주눅들게 하지만 일단 여행지에서 그 깨알들은 여행자들의 귀중한 양식이 된다.

만약 내가 출판사 에디터 혹은 사장인데 한 여행작가가 론리 플래닛에 대한 기획을 이야기했다면 나는 그 작가에게 '무모한 사람'이라고 말했을 것이다.

그런데 그 무모한 짓을…… 해버린 사람이 있다.

지금으로부터 30년 전, 여행에 미친 토니 휠러Tony Wheeler(이름도 휠러다!)와 모린 휠러Maureen Wheeler 라는 부부가 중고차 한 대를 구입, 영국의 런던을 출발해 호주에 이르는 대장정의 여행을 한다. 그리고 돌아와서는 적은 돈으로 어떻게 유라시아를 횡단할 수 있는지에 대해 쓴다. 〈Across Asia on the Cheap〉. 론리 플래닛 최초의 가이드북이다. 이후 이들은 아예 여행 전문 출판사를 차렸고, 30년이 지난 지금 14개 국어, 650권의 책을 낸 세계 최고의 여행안내서 출판사가 되었다. 지금 론리 플래닛 시리즈는 매 2년마다 꾸준히 업데이트가 이루어지고 있다. 미국 CIA조차 국가 개황을 참고한다고 한다.

론리 플래닛이 위대한 이유는 책이 아우르고 있는 방대한 정보의 양이다. 게다가 론리 플래닛이 담고 있는 정보─유적과 교통, 호텔, 식당, 현지인들의 문화, 습관, 풍토병 등─는 전문가들에 의해 세밀하게 검증되고 선별된 것이다.

론리 플래닛은 여행지를 찾아가는 가장 효과적인 기차 노선과 편안한 호텔과 저렴한 식당 그리고 그것들의 가격만을 보여주는 것이 아니다. 때로는 우리가 가고자 하는 곳의 계량적인 정보를 넘은 매혹을 가져다 준다. 위트 넘치는 문체, 제3세계의 누추를 낭만적 공간으로 전이하는 투명한 감성, 일상의 비루함을 여행지의 환상으로 치환시키는 상상력이 론리 플래닛에는 있다. 예를 들어, 론리 플래닛 라오스 편에 나오는 이런 구절. "베트남인들은 쌀을 기른다. 캄보디아인들은 쌀이 자라는 것을 본다. 하지만 라오스인들은 쌀이 자라는 소리에 귀를 기울인다." 론리 플래닛은 인류가 구현한 리얼리티의 가장 높은 지점에 자리한다.

론리 플래닛을 읽을 때마다, 복잡한 개미굴의 단면도를 보고 있다는 착각에 빠진다. 개미굴에는 수십만 마리의 개미들이 바쁘게 살고 있다.

아마도 신이 있다면 그 역시 지금 론리 플래닛을 읽고 있지 않을까? 론리 플래닛을 읽는 것은 인간을 가장 잘 이해할 수 있는 방법 가운데 하나이니까.

034

컨버스화

컨버스화를 신고 길 위에 발을 내딛는 순간, 나는 배은망덕한 이 현실에서 얼마만큼 벗어난다. 약간은 센티멘털해지고 약간은 로맨틱해지고 그리고 약간은 이기적이 된다.

도쿄 시부야를 거닐 때, 런던의 캠든 마켓을 거닐 때, 상하이 난징루를 거닐 때, 나는 컨버스화를 신고 있었다. 바람이 가득 든 테니스공처럼 가볍게 이곳 저곳을 튕겨다녔다. 오직 도시 여행자만을 위해 만들어졌다고 해도 무방한 이 가벼운 신발은 우리를 재빠른 고양이로 만든다.

컨버스화를 신는 순간, 나는 세상의 원근감으로부터 조금씩 비켜날 수 있고 먼지처럼 다른 시간으로 날아갈 수 있다.

로디아 노트 그리고 브레이크 타임

홍콩으로 가는 비행기 안에서

에든버러의 노천 카페에서

쿠알라룸푸르의 호텔 라운지에서

방콕의 툭툭 안에서

밀양으로 가는 기차에서

피가딜리 서커스에서

카메라는 잠시 내려놓는다.

지금부터는 로디아와 함께 하는 브레이크 타임.

p.s 누구나 여행을 떠날 때 노트나 수첩을 가지고 간다. 내가 주로 사용하는 수첩은 노란색 로디아다. 한때 몰스킨을 사용한 적도 있지만, 비싼 가격이 부담스러워 로디아로 바꿨다. 로디아 노트는 값도 저렴해서 아무렇게나 사용하기에 좋다. 딱딱한 하드커버와 목련꽃잎의 촉감을 닮은 몰스킨 노트를 펼치고 있자면 뭔가 근사하고 멋진, 가령 별자리나 바람의 방향, 길의 촉감 같은, 문장을 적어야 한다는 느낌에 시달린다. 하지만 로디아는 샌드위치 가격이라든지, 어느 카페에서의 불친절한 서비스, 게스트하우스에서의 끈적끈적한 느낌 같은, 여행의 처연한 모습에 대한 끄적임도 망설임 없이 받아준다. 게다가 로디아는 쉽게 찢어버릴 수 있다. 여행 중에도 버리고 싶은 기록 따위는 생기는 법이다.

게스트하우스

우리는 방목되는 것 같아. 밤이 되면 어린 양처럼

우리는 게스트하우스로 꾸벅거리며 돌아가고 있어.

비현실적인 현실

TOKYO
破損免責　旅客署名／Passenger's Signature
Accepted at Owner's risk
E-3549

호텔, 우리가 다만 지나가는

호텔, 우리가 다만 '지나가는'
내일까지 머물러도 되는, 서너 평의 우주.

런던의 어느 허름한 호텔에서
한국어로 씌어진 낙서를 본 적이 있다.
얼룩진 벽에는
'이곳에서는 누구를 사랑하지 않아도 좋아' 라고 적혀 있었다.
나는 그 문장을 휴대폰 카메라로 찍어 옛 애인에게 전송하려다 말았다.

여행을 떠나왔다는 느낌이 비로소 들 때는
호텔에 들어가 TV를 켰을 때,
알아들을 수 없는 말들이 흘러나와
방 안에 가득 찰 때다.

HOTEL

038

그 해 여름,
모리오카에서의 하루키적인 하룻밤

도쿄에서 기차를 타고 모리오카 역에 도착하니 날은 이미 어둑어둑해져 있었다. 개찰구를 빠져 나오자 Y가 하얀 치열을 드러내며 손을 흔들고 있었다. 돌아서기조차 힘들 정도로 좁은 호텔에 여장을 풀자마자 한 일은 역 앞의 이자카야로 달려간 것. 예닐곱 평 남짓한 자그마한 이자카야에서 나와 C형, 그리고 Y는 빠르게 잔을 비워 나갔다. 이자카야의 늙은 주인은 아마도 재즈광이었나보다. 빌 에반스, 쳇 베이커, 스탄 게츠, 허비 행콕, 에디 하긴스, 레스터 영, 듀크 엘링턴, 루이 암스트롱, 아트 테이텀이 잇따라 흘러나왔다. 우리는 리듬에 맞춰 사케 잔을 들었다 내리곤 했지.

"이 곳의 한치회는 아주 기가 막히군. 혀에 감기는 맛이 일품이야. 아마도 하루쯤 숙성시켰다 내놓는 것 같아. 그리고 이 술, 배꽃향이 맑아. 게다가 허비 행콕의 피아노라니. 모든 것이 완벽해."

Y가 말했다.

"여행은 가끔 우리를 놀라게 하지. 생각해 봐. 서울에서 비행기를 타고 2시간을 날아가서 열차와 전철을 타고 다시 3시간을 간 거야. 그렇게 당도한 여행지에서 목이라도 축일 요량으로 허름한 술집에 들어갔는데, 그곳에는 모든 것이 완벽하게 준비가 되어 있었던 게지. 맛있는 술과 안주, 그리고 멋진 음악. 이보다 더 행복할 수는 없잖아?"

C형은 요리사다. 한때 요리사였고 잠깐 아니었다가 지금은 다시 요리사로 살고 있다. 아마도 곧 요리사가 아니다가 또다시 요리사가 될 것이다. 요리사의 생활과 백수의 생활을 반복하는 사람.

"일본요리는 그다지 발달한 것이 아냐. 양념이라고 해봐야 기껏 간장 정도지. 물론, 대부분의 요리가 맛의 70% 이상을 재료에 기대고 있지만 일본요리는 그 이상이야. 일본요리는 그다지 진화한 요리는 아니지만 훌륭한 음식임에는 분명해. 비유가 적당한지는 모르겠지만 단발머리를 한 쿨한 여자 같아."

C형이 주방장을 향해 엄지손가락을 세워보이자 주방장이 씨익 웃었다. 음악은 허비 행콕에서 레스터 영으로 바뀌어 있었지. C형은 '오늘의 요리'를 주문했다.

"오늘의 요리는 말이야. 우리나라에서는 실패했는데, 일본에서는 그날 들어온 가장 좋은 재료로 만든 음식을 내놓거든. 오늘의 요리가 뭔지는 모르겠지만 한 번 먹어보자구."

대단했다. 그날 나온 오늘의 요리는 참외만한 생굴이었다. 바닷물을 흠뻑 머금고 있는 어마어마하게 큰 굴 달랑 하나. 굴 하나를 놓고 우리 셋은 사케를 마셔댔다.

"일본의 경우, 오늘의 요리가 맛이 없다면 손님들은 오지 않아. 오늘의 요리가 맛이 없으니 내일의 요리는 먹어볼 필요도 없겠지."

탁자에 커다란 굴 하나를 놓고 남자 셋이 사케잔을 기울이고 있는 장면. 무라카미 하루키의 소설에나 나올 법한 장면이 지난해 여름 모리오카에서 펼쳐졌다. 결국 그날 우리는 일주일치의 여비를 모두 써버리고 다음날부터는 경비의 압박을 심하게 받았다. 그래도 괜찮았다. 우리는 그날 제대로 된 '오늘의 요리'를 먹었으니까.

039

에드워드 호퍼의 그림 앞에서 울곤 한다

이곳에서 너무 오래 머물렀어.

지루해진 거지.

결국 우리는 우리 자신을 위해서 살고 있고 살 수밖에 없다는 걸 알아버린 거야.

슬퍼진 거지.

사랑은 낡았어.

세월은 들고양이처럼 빠르게 지나가지.

술자리의 끝은 언제나 허무한 거야.

떠나고 돌아오고 다시 떠나고 다시 돌아오고

그리고 기다리고

OPEN
A K MIN
OPE
LA
06
SUPER
SUPER
DISORDER

나는 떠나오지 말았어야 했어.

BRICK LANE E1
SCRAM

비현실적인 현실 ;
터키 카파도키아

오후 1시 20분 인천국제공항을 출발한 TK91편은 현지시각으로 이튿날 저녁 7시 터키 이스탄불 국제공항에 도착했다. 이스탄불의 부드러운 바람을 느껴볼 새도 없이 흡연실에서 던힐 라이트 2대를 연달아 피우고는 다시 국내선으로 갈아타고 터키 남부 도시인 안탈랴로 날아갔다.

안탈랴에 도착한 시각은 밤 12시. 안탈랴 쉐라톤 호텔에 짐을 풀었을 때 시계 바늘은 새벽 1시를 넘어서고 있었다. 안탈랴 공항에서 호텔까지 버스로 이동하는 동안 현지 가이드인 새다트Saddat가 터키의 아름다움에 대해 이야기했지만 귓전에서만 붕붕댈 따름이었다. 12시간의 비행과 6시간의 시차는 몸과 정신을 뻐근하게 만들었다. 단지 푹신한 침대 위에 노곤한 몸을 누이고 싶다는 생각만 간절했다.

터키로 떠나기 전, 터키를 다녀온 여행자들에게서 전해들은 이야기는 대략 이러했다. 지중해의 부드러운 햇살이 밀가루처럼 부서져 내리고 그리스에서 따뜻한 무역풍이 연중 불어오는 곳, 드넓은 평원에는 올리브 나무, 레몬 나무가 자라고 푸른 밀밭의 지평선이 아득히 펼쳐지는 곳. 깊은 눈동자를 가진 친절한 사람들이 살고 있는 곳, 신화가 깃든 수많은 신전과 기독교의 성지로 가득 찬 곳, 이슬람 국가이지만 코란의 엄격에 그다지 얽매이지 않아 '이슬람의 해방구'로 통하는 곳, 그리고 한국전에 참전해 가장 많은 사상자를 낸 '한국의 형제나라' (누군가는 '작전 실패' 때문이라고 냉소적으로 말했지만). 과연 그럴까? 내일 아침 본격적인 일정이 시작되면 아마도 알 수 있을 것이다. 몸은 침대 속으로 한없이 빨려들어 갔다.

다음날부터 살인적인 일정이 시작되었다. 아침 6시 기상. 세면을 마치고 아침식사 후 조그만 미니버스에 탑승. 그리고 가이드 설명 듣고 사진 찍고 가이드 설명 듣고 사진 찍고 가이드 설명 듣고 사진 찍고. 밤 늦게 파김치가 된 몸으로 호텔로 돌아와 침대로 투신! 안탈랴에서 카쉬와 칼간, 파타라를 경유해 마르마리스와 디딤과 이즈미르, 그리고 에페소와 파묵칼레까지. 이 모든 일정을 단 3일만에! 소화했다.

가장 지독한 것은 4일차 일정이었다. 오전 6시 호텔에서 나와 12시간 동안 미니버스를 타고 카파도키아로 향했다. 오전 10시쯤 도로변에 있는 자그마한 휴게소에서 한국에서 가져간 즉석 라면을 먹었다. 음식을 갖다 준 종업원들은 1회용 나무젓가락을 보고 아주 신기해 한다. 종이포장지를 벗기면 나무막대기가 나오고 그 나무막대기가 다시 2개로 갈라지고 그것으로 가느다란 면발을 집어먹는 모습. 마치 신기한 서커스를 구경하는 듯하다.
여기서는 나무젓가락만 있다면 여행 경비는 걱정할 필요 없겠군. 쇠젓가락으로 콩을 집는 묘기를 보여준다면 100리라 정도는 거뜬히 벌 수 있겠다.

버스는 지평선을 따라 달리고 또 달렸다. 한국에서는 차를 타고 달리며 1분을 보기 힘든 지평선을 12시간 동안이나 보았다. 차창 밖으로 펼쳐지는 들판은 아득했고 들판에 심어진 꽃핀 벚나무와 매화나무, 그것을 뒤덮은 뭉게구름도 아득했다. 가끔 차를 세우고는 들판을 찍었다. 새다트는 '뭐, 이딴 걸 촬영하나' 하는 듯한 심드렁한 표정이었지만, 한국이라는 좁은 땅덩어리에서 태어난 일행에게는 대관령목장 수만 개를 합쳐놓은 것보다 더 넓은 평원이 마냥 아름답기만 했다.

해질 무렵에 카파도키아 우치히사르에 도착. 차에서 내리는 순간, 12시간의 이동으로 인한 피곤함은 눈 녹듯 사라졌다. 도토리를 엎어놓은 듯한 바위에 수천 개의 굴이 뚫려 있다. 약 3백만 년 전 화산폭발과 지진활동으로 만들어진 응회암이 오랜 풍화작용을 거쳐 기이한 모양의 암석군을 만들어냈다. 로마시대 이래 탄압을 피해 도망쳐 온 그리스도 교인들은 카파도키아로 피난을 왔고 이들이 굴을 파고 숨어 살았다. 지금도 정부의 허가를 받은 관광객들이 호텔과 카페 등을 운영하며 살고 있다.

이튿날은 벌룬을 타고 괴레메 지역을 돌아봤다. 새벽 5시부터 기다리며 벌룬이 카파도키아 위로 날아오르기를 기다렸다. 드디어 벌룬이 부풀어 오르고 허공에 뜬 순간, '아' 하는 탄성이 여기저기서 터져 나왔다. 옆에 선 스위스 관광객은 '울랄라!'를 연발한다. 하늘에서 보는 카파도키아. 마치 화성의 어느 골짜기를 비행선을 타고 날아다니는 듯한 기분이랄까? 버섯을 닮은 바위들이 10여 개 모여 있기도 하고 연노란색 바위들이 울퉁불퉁 수십 킬로미터를 이어지기도 했다. 이런 모습은 괴레메뿐만 아니라 위르굽, 아바노스 등에 걸쳐 나타난다. 카메라 셔터를 쉴 새 없이 눌러대는 한국 기자들을 보고 새다트는 '이제 포기했다'는 표정이다.

그래, 새다트. 서로에 대해 얼마간 포기를 할 때 너그러워 지는 거야.

영화 〈스타워즈〉에서 우주선이 협곡 사이를 날아 달리며 전투를 벌이던 곳 역시 카파도키아를 모델로 했단다. 그리고 스머프의 작가도 이곳에서 영감을 받았다. 벌룬 투어는 1시간여 계속되었는데 전혀 지루하지 않았다. 보통 아무리 아름다운 풍경이라도 20분이면 심드렁해진다지만 카파도키아는 예외였다.

데린쿠유의 지하도시 역시 경이로웠다. 카파도키아의 지명은 '친절하고 사랑스러운 땅'이라는 뜻이지만 역사는 전혀 그렇지 않았다. 이 '친절하고 사랑스러운 땅'을 차지하기 위해 기원전 1200년 경에는 히타이트 왕국, 리디아 왕국, 프리지아 왕국이 각축전을 벌였고, 이후 페르시아 왕국, 알렉산더 제국, 로마 제국 등 수많은 왕조들이 거쳐 갔다. 비잔틴, 셀주크투르크, 오스만투르크도 카파도키아를 점령한 왕조였다.

주민들은 전쟁을 피하기 위해 굴을 뚫었다. 살기 위한 어쩔 수 없는 선택이었다. 사람 한 명이 허리를 숙이고 겨우 지나다닐 만한 굴이 수십 킬로미터를 이어진다. 굴은 이어져 어느새 도시가 되었다. 1,200개 이상의 방이 있고 음식을 준비하면서 나오는 연기가 지상으로 나가지 못하도록 연기를 모으는 방을 따로 만들었다. 교회와 곡물저장소, 동물사육장, 포도주 저장실도 완벽하게 갖추었다. 약 3만 명의 사람들이 6개월을 살 수 있다. 여행객에게 개방되는 부분은 지하 8층까지인데 내려가는 쪽으로는 붉은 화살표가, 올라가는 방향으로는 푸른색 화살표가 벽에 그려져 있다.

데린쿠유의 지하도시를 벗어나 지상으로 나온 순간 내리쬐는 햇빛에 눈을 뜨기가 힘들었다. 이런 비현실적인 현실도 실재한다. 여행은 그것을 눈으로 직접 확인하는 작업이다.

순응

아란 아일랜드는 바람이 세찬 곳이다. 나무들은 바다 건너에서 불어오는 세찬 바람에 시달리며 한쪽으로 자란다.

순응.

굴복이 아니다.

거스르지 말 것.

羊
とびだし注意

카페 3월의 양

도쿄 오기쿠보 역에서 한 정거장에 있는 니시오기쿠보 역에 내리면 역 앞의 경찰서로 찾아가세요. 그곳에서 카페 '3월의 양'을 가르쳐 달라고 해보세요. 아마 마음씨 좋은 경찰관은 친절하게 약도를 그려가며 가르쳐줄 거예요.

3월의 양은 작은 골목 끝에 숨어 있답니다. 문 앞에는 노란 간판이 있고 그 아래에는 조그만 화분이 놓여 있어요. 화분을 잘 살펴보세요. 하얀 양 한 마리가 숨어 있답니다.

3월의 양은 아주 작은 카페에요. 테이블이 3개가 있는데 4명 정도가 겨우 앉을 수 있답니다. 아마 운이 좋으면 테이블 한쪽을 차지할 수 있을 거예요. 맛있는 양젖 치즈 케이크를 주문해 보세요.

치즈케이크가 너무 맛있어요. 우물우물

한국인들은 약간 비린 맛이 안 맞을 수도 있는데……

아뇨. 너무 맛있어요.

(한국말로) 감사합니다.

한국말 할 줄 아세요?

네. 조금씩 배우고 있어요. 인사동에도 갔었답니다.

치즈케이크 하나 더 주세요.

이런, 그게 마지막 남은 케이크였는데. 미안해요. 다음에 또 오세요.

3월의 양은 조금 일찍 가는 게 좋을 거예요.

양젖 치즈케이크는 너무 맛있어서 빨리 'Sold Out' 되거든요.

아참, 3월의 양에서는 실내에서 사진을 찍을 수 없답니다.

羊
びだし注意

043

당신은 이미 런던에 와 있으니까

런던에 도착해 2시간 걸려 히드로 공항을 빠져 나온 후, 숙소가 있는 버몬지로 가는 언더그라운드에 올랐다. 옆자리에 앉은 한 흑인이 내게 조그만 디지털 카메라를 건네며 사진을 찍어달라고 한다. 렌즈를 열자 그가 방긋이 웃는다. 하얀 치아가 멋있다.

런던에 처음이에요?

나는 그렇다고 고개를 끄덕인다.

그랬더니 그가 하는 말.

당신은 아마도 앞으로 런던을 계속 그리워하게 될 거예요.

왜죠?

내가 묻자 그가 말했다.

당신은 런던에 처음 왔으니까. 런던에 한번 와본 사람은 끝까지 런던을 그리워해요.

왜죠?

내가 다시 묻자 그가 대답했다.

런던은 보물창고예요. 거리, 건축물, 펍, 카페, 미술관과 박물관, 백화점, 패셔너블한 사람들, 그리고 흥미신신한 마켓들이 가득한 거대한 보물창고예요.

그렇다면 이 보물창고를 어떻게 즐겨야 할까요?

CK YOU
9
Hyde Park Corner
Piccadilly Circus
Trafalgar Square
ROYAL ALBERT HALL
DOMINION
THEATRE
ROCK
YOU
DOMINION
THEATRE
London
around to modernise
Jubilee, Northern and
cadilly lin
9
ROUTEMASTER
RM1913
ALD 913B
LOCAL
Sir Isaac Ne
...lived in nearby Je
he is best known fo
Observing an apple
recognised that a fo
apple, making it sp
His really BIG idea
of the moon around
of gravity.

그가 다시 대답했다.

당신은 지금 런던을 즐기고 있는 거예요.

당신은 이미 런던에 와 있으니까.

ESSION

Enemy
BRIXTON
ACADEMY
SATURDAY
3RD NOVEMBER
BRIXTON
ACADEMY
SH
ERCING STUDIOS

ment • St. Paul's Cathedral • Harrods • Oxford Street • London Eye
TOUR OF LONDON
wer of London • Trafalgar Square • Piccadilly Circus • Tate Gallery
i THE BIG BUS
INFORMATION CENTRE
THEATRES, HOTELS & ATTRACTIONS
www.bigbus.co.uk

044

구름 그림자와 함께 시속 3km

우리는 늦은 아침식사를 끝내고 동쪽으로 걸어가기로 했다. 믿지 않겠지만 우리가 선택한 속도는 놀랍게도 시속 3km였다. 우리는 구름 그림자를 따라 달렸다. 우리는 언제나 그늘 속에 있었다. 자동차에게는 다소 모욕적이고 비현실적인 속도였지만 그날 우리의 여행은 정말이지 환상적이었다.

루앙프라방으로 돌아온 이유

나는 다시 루앙프라방으로 돌아왔다. 지난해 5월 루앙프라방을 찾은 이후 7개월여 만이었다. 지난해 루앙프라방에서 며칠을 머문 후 한국으로 돌아오면서 나는 내가 머지않아 루앙프라방을 다시 찾으리라는 것을 예감할 수 있었다. 한국으로 돌아가는 비행기 안에서 나는 수첩에 이렇게 적고 있었으니까.

루앙프라방에서는 모든 것을 내려놓아야 한다. 모든 것이란 명예와 돈, 권력 등 우리가 욕망이라고 부를 수 있는 모든 것들을 말한다. 욕망의 마지막 한 점까지를 버려야 우리는 루앙프라방을 진정으로 이해하고 여행할 수 있다. 아니 루앙프라방을 여행하다 보면 모든 욕망은 덧없어진다. 그래서 어떤 여행자들은 당초 계획보다 루앙프라방에 더 머물고, 어떤 여행자들은 서둘러 루앙프라방을 떠난다. 하지만 더 머문 이들이건, 서둘러 떠난 이들이건 그들 모두는 루앙프라방으로 다시 돌아온다.

베트남 하노이 노이바이 국제공항을 거쳐 라오스 루앙프라방 국제공항에 도착했을 때 스콜이 와당탕 퍼붓고 있었다. 빗속에서 낡은 툭툭 한 대가 털털거리며 나타났다. 환한 미소와 함께 내린 그의 이름은 숙Suk. 툭툭 운전사다. 루앙프라방에서 태어나 30년 넘게 루앙프라방에서 살고 있다.

싸바이디(Hello)

그가 말했다.

나도 답했다.

싸바이디.

우리는 악수를 하고 진한 포옹을 나누었다.

별일 없었어? 잘 지냈어?

여기야 늘 그렇지. 언제나 똑같아. 아드리Adri가 카페에서 널 기다리고 있어.

아드리는 네덜란드인 사진작가다. 세계적인 사진 에이전시인 게티Getty의 회원이기도 한 그는 한국인 아내와 함께 루앙프라방에서 카페를 운영하며 사진작업을 하고 있다. 베트남 하노이에 스튜디오가 있는 그는 작업이 있을 때마다 하노이로 떠나곤 한다.

게스트하우스에 짐을 풀고 아드리의 카페로 갔다. 그곳에는 캠빗Cambit이 기다리고 있었다. 라오스 대학 영문과를 졸업한 캠빗은 대학 졸업 후 루앙프라방에서 가이드로 일하고 있다. 어느덧 해가 저물고 있었다. 나와 아드리, 숙, 캠빗이 둘러앉았다. 7개월만의 해후였다. 어둑해진 길 위로 주황색 법복을 입은 승려와 허름한 티셔츠와 반바지를 입은 아이들이 지나갔다. 그들은 나와 눈이 마주치자 "싸바이디"하고 인사했다. 나는 고개를 끄덕이며 미소를 지어주었다.

식탁은 풍성했다. 아드리가 감자튀김을 만들어 왔고, 캠빗은 라오스식 닭고기볶음을 준비했다. 숙은 '라오 라오'라는 라오스 전통술을 가져왔다. 나는 감자튀김과 닭

고기볶음에 고추장을 뿌렸다. 다시 찾은 루앙프라방을 위해 Cheers!

이봐 캠빗, 일곱 달 전, 내가 이곳 루앙프라방에 처음 왔을 때, 여기에서 무엇을 하고 무엇을 보아야 하는지 물었던 것 기억나?
내가 캠빗에게 묻자 캠빗이 어깨를 으쓱이며 대답했다.

물론 기억나지. 나는 사람들이라고 대답했지. 저들의 맑은 얼굴과 얼굴에 스민 미소와 그 미소에 묻은 그들의 마음이라고 말했지.

그랬지. 넌 가이드였지만 내게 '사찰 몇 곳과 시장을 제외하고는 사실 보여줄 게 별로 없다'고 말했지. 하하

그런데, 초이Choi, 넌 여기 왜 다시 온 거야? 난 네가 다시 올 줄은 몰랐어.
아드리가 물었다.

한국으로 돌아간 뒤에도 루앙프라방이 계속 떠오르는 거야. 캠빗과 함께 메콩강의 노을을 바라보며 마셨던 차가운 맥주와 나를 보고 웃어주던 사람들의 표정들 모두가 말이야. 루앙프라방을 생각할 때면 난 언제나 행복했지. 그리고 어느 날 루앙프라방으로 떠날 채비를 하고 있는 나를 발견했고.
아드리가 고개를 끄덕였다.

숙이 가끔 내게 말하곤 하지. '우리는 가난하지만 행복해. 우리에게 중요한 건 돈과 명예가 아니야. 단지 우리에게 필요한 건 하루의 평화. 그 이상도 그 이하도 아니야'라고 말이야.

루앙프라방에 처음 갔을 때, 루앙프라방 공항에서 숙소까지 미니버스를 타고 약 20분을 가는 동안, 캠빗이 말했다. 대학에서 영문학을 전공했다는 캠벨은 유창한 영어로, 세계 여느 가이드가 그렇듯이, '간략하게' 라오스에 대해 설명했다.

"라오스는 동쪽의 베트남과 서쪽의 미얀마, 남쪽의 타이, 북쪽의 중국 등에게 오랫동안 고통스러운 지배를 받아왔습니다. 그리고 근대에 들어서는 일본과 프랑스, 미국으로부터 무자비한 노략질을 당해 왔죠. 국토는 걸레처럼 너덜너덜해졌습니다."
캠빗은 웃었다.
"하지만 우리는 매일매일 웃으며 살아갑니다. 우리는 늘 행복하고 즐겁습니다."

거리에는 프랑스식으로 지은 식민지풍 건물과 라오스의 전통양식으로 지은 건물이 함께 서 있었다. 햇살은 바늘처럼 따가웠고 그 햇살을 맞으며 누런 법복을 입은 승려와 허름한 티셔츠와 반바지를 입은 아이들이 지나갔다.
라오스의 1인당 국민소득은 500달러 수준으로 세계 최빈국 중 하나다. 총 교역량도 19억7600만 달러에 불과하다. 공업화 기반은 거의 없으며 철도는 식민 지배를 했던 프랑스가 부설한 7km 구간이 전부란다.

그렇지만 우리 모두는 행복해요. 우리 국민의 행복지수는 전 세계 5위 안에 든다고 합니다.

캠벨이 맥주를 마시며 말했다.

나는 내일부터 당신을 가이드해야 하지만 사찰 몇 곳과 시장을 제외하고는 사실 보여줄 게 별로 없어요. 그것들 역시 이 호텔에서 다 걸어서 다닐 수 있는 곳이에요. 오늘은 푹 쉬고 내일 아침 다시 만납시다.

다음날 아침 5시 반에 일어나 거리로 나섰다. 거리에는 어느새 사람들이 몰려나와 있었다. 캠빗이 어깨를 툭 치며 거리 한쪽 끝을 가리켰다. 사원에서 주황색 가사를 입은 승려들 수백 명이 일렬로 서서 걸어오고 있었다. 루앙프라방의 상징인 새벽 탁발행렬이 시작되는 것이었다. 루앙프라방에서는 하루도 쉬지 않고 매일 새벽 탁발행렬이 이어진다. 루앙프라방의 각 사원의 승려들이 마을을 돌며 아침거리를 공양하는 것이다. 가장 나이가 많은 승려들이 앞장서고 서열에 따라 승려들이 한 줄로 뒤를 따른다. 승려들은 시주들 앞을 지나가며 바리때 뚜껑만 반쯤 연다. 그러면 시주들은 미리 준비한 음식물 등을 스님들의 바리때에 넣는다. 승려들은 머리를 숙이거나 허리를 굽혀 답례하는 일이 없다. 당연한 듯 다음 시주를 향해 또 다음 시주를 향해 빠르게 지나친다. 승려들은 공양이 많다 싶으면 시주들 끝자리에 앉아 있는 걸인들에게 나눠준다.

1년 365일 하루도 빠짐없이 40여 분간 이어집니다. 루앙프라방 사람들은 아침 시주가 끝난 후에야 비로소 밥을 먹고 하루 일과를 시작하죠.

캠빗은 "당신은 이제 루앙프라방에서 가장 큰 볼거리를 보았다"고 말했다.

루앙프라방 사람들을 이해하기 위해서는 아침 탁발행렬을 이해해야 합니다. 우리를 지배하고 있는 불교적 세계관을 조금이나마 엿볼 수 있을 겁니다.

캠빗은 "저들 중 아무나 붙잡고 '당신이 지금까지 살아오면서 가장 후회스러운 일이 무엇이었냐'고 물어보라"고 말했다.

아마 대부분이 이렇게 대답할 것입니다. '내가 (돈이) 있을 때 남에게 베풀지 못한 것'이라구요.

그날 저녁, 나는 캠빗과 함께 카페에 앉아 얼음이 든 비어 라오를 마셨다. 취기가 약간 오른 나는 캠빗에게 "라오인들을, 그들의 행복한 웃음을 이해할 수 없다"고 말했다.

스쳐가는 여행자에 불과할 뿐인 나는 라오인들의 웃음을 '당연히' 좋아하고 사랑할 수밖에 없어요. 그리고 아마도 그 웃음 때문에 전 세계의 배낭여행자들 역시 라오스를 가장 좋았던 나라로 꼽을 것입니다. 하지만 한 달 소득이 50불이 채 되지 않는 이 나라 사람들이, 아이들이 이 나라에서 가난하게 자라기를 바라지 않는 부모가 대부분인 이 나라 사람들이 무슨 이유로 저렇게 행복한 웃음을 지닌 채 살아가는 것인지 정말로 이해할 수 없습니다.

한동안 말이 없던 캠빗이 대답했다.

이유는 나도 모릅니다. 나 역시 가난한 라오스 가정에서 자라 어렵게 대학을 졸업했어요. 하지만 지금까지 내 기억의 대부분은 내가 행복했던 순간들로 이루어져 있습니다. 메콩강에서 수영을 하고 가족과 함께 밥을 먹고 친구들과 함께 들판에서 뛰어놀았던 모든 지난 날들이 내게는 행복입니다. 나를 비롯한 우리 라오스인들은 하루하루를 살게 해준 신에게 감사하며 살아갑니다.

계속 의아해 하는 나를 향해 그는 덧붙였다.

당신이 이해하기 쉬운, 그러니까 굳이 자본주의적으로 말하자면, 아마도 우리 모두가 가난하기 때문에, 빈부격차가 없기 때문에 행복할지도 모릅니다. 이게 바로 내가 당신에게 대답할 수 있는 최선입니다.

루앙프라방에 다시 돌아온 다음날 아침, 아드리가 나를 깨웠다.

초이, 아침 먹으러 가자. 내가 세상에서 가장 맛있는 쌀국수집을 알고 있어.

우리는 시장으로 갔다. 시장 한켠에 허름한 노상 쌀국수집이 있었다. 마음씨 좋아 보이는 아주머니가 환한 미소로 우리를 맞았다. 아드리는 "저것 봐."하며 벽 한쪽을 가리켰다. 그곳에는 메뉴판이 붙어 있었는데 이렇게 써 있었다.

'Noodle with pork 7,000kip(700원), 콜라 3,000kip…, Sum's Smile Free!!'

아드리가 말했다.

Sum's Smile Free! 내가 어떻게 루앙프라방을 떠날 수 있겠어? 아마 네가 이곳으로 다시 돌아온 이유도 이것 때문이 아니겠어?

이토록 사소한 위로

046

지금 우리에게 필요한 건

나의 여정을 기록할 수 있는 깨끗한 노트 한 권과 모나미 볼펜 한 자루

발에 꼭 맞게 길들어진 운동화 한 켤레

내 불안한 몸을 감싸줄 티셔츠 몇 장

필름 한 통

우리가 길을 잃지 않게 도와줄 지도 한 장.

이것들을 담을 수 있는 조그만 배낭 하나.

그리고 약간의 자신감.

괜찮아. 모든 게 잘 될 거야.

약간의 간절함

집으로 가는 막차를 탔다.

정거장에 버스가 정차하자 한 사람이 황급히 출입문을 열고 들어온다. 그는 안도의
한숨을 쉬며 자리에 앉는다. 그의 목덜미에 엉겨 붙은 머리카락이 애잔하다.

옆자리에 앉은 소녀는 빵 조각을 손에 쥐고 잠들어 있다.

우리는 우리 생이 고달프다는 것을 이미 알고 있다.

우리는 내일이 되어도 우리 생이 조금이라도 나아질 것이라고 믿지는 않지만, 믿으
려 한다. 슬픈 것은 바로 이것이다.

우리의 등을 밀고 있는 것은 막차를 놓치지 않기 위해 뛰어야 했던 그의 엉겨 붙은
머리카락 또는 소녀의 손에 쥐어져 있는 빵 조각 같은 약간의 간절함인지도 모른다.

Bus sto ng
209
NO
SMOKING

TO LET
14
14

GOOD QUALITY OFFIC
TO LE
FULLY INCLUSIV
FLEXIBLE TER
265 SQ FT - 9,364

048

지나간다

중국 상하이 난징루에서 활을 켜는 그를 만났다.

연주가 마음에 들었던 나는 얼마간의 돈을 그의 앞에 조용히 놓았다.

그는 돌아서는 나를 부르더니 내 손에 쪽지 하나를 건네주었다.

운세라고 했다.

쪽지에는 이렇게 적혀 있었다.

'지나간다. 나쁜 일은 다 지나간다.'

모두 돌아가야 할 시간

해가 지고 있었다. 지평선 너머에서 차가운 바람이 불어 왔다.

바람의 방향이 바뀌었어. 그가 말했다.

우린 너무 오랜 시간을 길 위에서 보냈어. 그녀가 말했다.

곧 우기가 시작될 거야. 서둘러야 해. 내가 말했다.

우리 모두는 이제 '어디로든' 돌아가야 할 시간이 되었다는 걸 서서히 깨닫고 있었다.

여행을 떠나오면 알게 된다.

우리는 반드시 돌아가야 할 존재라는 걸.

폴라로이드 카메라 혹은 데자뷰

검은 인화지에 빛이 닿으면 조금씩 세상이 열려. 마법 같아. 신기해.

내가 기억하는, 추억할 수 있는, 단 한 장의, 오직 단 한 순간.
열정, 기대, 불안, 기쁨, 슬픔, 분노, 어지러움이 마구 뒤엉킨, 낮은 목소리로만 이
루어진 우울한 노래 같은, 한없이 맹목적인 그래서 애처로운, 예감으로 가득 찬, 외
로운, 새의 날개 같은, 한때.
결코 돌아갈 수 없는, 어쩌면 다시 만날 수 있을 것 같은, 만난 것 같은……

우리 생의 한때.

다시 비행기

인천 공항에 도착해 집으로 가는 버스를 기다리다 보았다.

어딘가로 날아가는 비행기. 비행기가 사라지고 난 자리에는 기다란 흰 구름이 남았다.

아! 삶을 가볍게 이륙시키는 저 부드러운 각도.

혹은 곧 사라지고 말 족적.

내게로 왔던 모든 미소들

내게로 왔던 모든 미소들

내 손에 쥐어졌던 모든 승차권들

나를 허락했던 모든 길들

ສຫຍ. ທ.ບຸນຄຳ. ມ. ສ່ວນ. ໂຄມຂວງ ໑໑
ສຫຍ. ມ.໑໖
ທ.ອີໄລທຸ

분명 다행

오늘은 이사를 했고 혼자서 술 마셨다.

'은하수'라는 카페에 앉아 카스와 스카치 블루를 섞어 마셨다.

한때 선생님이었다는 마담은 열두 시쯤에 취했다.

한 가지 분명한 것은 말이야.

마담은 혀 꼬부라진 소리로 말했다.

세월은 우리를 싣고 간다는 것이야.

그녀는 중얼거렸다.

강은 배를 싣고 가고 길은 바람을 싣고 간다네.

매화나무 아래에 앉아 있는 동안 봄날은 간다네.

이사를 하다가 십여 년 전 찍은 사진들을 발견했다.

지금보다 몸무게는 10kg쯤 가벼웠고

지금보다 눈빛이 맑았다

지금보다 목은 가늘었고

지금보다 긍정적인 얼굴이었다.

모든 것이 지금보다 좋았다.

나는 접시에 담긴 방울토마토를 손가락으로 눌러 터뜨렸다.

마담이 어느새 탁자에 얼굴을 묻고 잠이 들었다. 어느 봄날을 헤매이고 있는 것이냐.

문득 세계일주를 떠난다고 했던 선배가 생각났다. 그가 보고 싶었다.
그는 12월에 떠난다고 했다.

봄을 찾아 가는 거야.
뉴욕, 런던, 도쿄, 상하이, 방콕, 더블린, 파리, 자카르타, 프라하……
봄의 한가운데 있는 도시만을 찾아가는 거지. 마치 유목민처럼 봄 속에서 천천히
늙어가는 거지. 꽃나무 아래에서 사진을 찍을 생각이네. 멋지지 않아?

그는 이렇게 말하고 떠났다.
어디에요?
문자메시지를 보냈지만 답장이 없었다. 이곳이 아닌 어딘가에 있는 모양이다.

다행이다.
내가 보고 싶어하는 누군가가 이곳이 아닌 어딘가에 있다는 건
분명
다. 행. 이. 다.

흘러간 발자국들은
분명 어딘가에 눈물처럼, 꽃잎처럼 고여 있을 것이다.

지금쯤

이곳이 아닌 어딘가는

봄에 휩싸여 있을 것이고 내가 가보지 못한 도시들 어느 귀퉁이에는

꽃들이 환하게 피고 있을 것이다.

세상에는 끝없이 봄이 이어지고 있다는 사실.

그 봄 속에 내가 아는 누군가가 서 있다는 사실.

그건 분명 눈물나도록 다행이다.

지금쯤

이곳이 아닌 어딘가는

봄에 휩싸여 있을 것이고 내가 가보지 못한 도시들 어느 귀퉁이에는

꽃들이 환하게 피고 있을 것이다.

맥주와 여행

우리는 왜 여행을 떠나는 것일까.

우리는 왜 맥주를 마시는 것일까.

우리는 왜 맥주를 마시며 여행을 떠나는 것일까.

이 둘은 모두 5%의 알콜을 내장하고 있기 때문.

솔직히 말해서

세상은 엉망이다.

살 만하다고 악을 쓰지만 세상은 갈수록 엉망진창이 되어 간다.

정신없이 취하기는 싫고 약간은 몽롱하고 싶고

그리고 어쨌든 견뎌야 하니까.

우리는 맥주를 마시고 여행을 떠나지.

사실들

한계를 넘으면 지푸라기 하나만 더 얹어도 낙타 등뼈가 부러진다.

한 여자(남자)를 선택하고 오로지 그녀(그)만을 원하는 것만큼 어리석은 일은 없어. 그건 모든 걸 포기한다는 거야. 주위를 봐. 여자(남자)들은 널렸어. 그리고 그들 모두는 특별하지.
미적지근한 것보다 더 나쁜 것은 없어. 망설이지 마. 고통만 커질 뿐이야. 파스는 단번에 떼야 한다구.

돈이 전부는 아니지만, 우리를 약간 자유롭게 해준다는 것.

쇼트트랙 경주에서 승리의 순간은 결승선에서 발을 쓰윽 내미는 그 찰나의 노력에 달려 있다는 것. 우리는 언제나 희망을 찾고 있는 것이 아니야. 절망스러운 그 순간에 희망을 찾기 위해 애쓰는 거지.

지금까지 허송세월한 것이 아니라면 굵직한 기회 한두 번 놓쳐버렸다고 해서 크게 달라질 건 없어. 기회는 언젠가 다시 오고 다시 움켜잡으면 돼. 어쨌든 죽기 전에 부지런히 움직여 봐, 기회는 내 곁으로 다시 찾아 온다고.
모든 것은 날 수 있다.

220° 221°

POSTE
Poste Italiane
17
S. VITTORE
Motta

056

부스러기들

우리는 우리가 지나온 무수한 장소들을 그리워할 것이라고는 예상치 못했을 것이다. 하지만 우리가 오랜 여행에서 돌아와 따뜻한 침대에 몸을 누이고 눈을 감는 순간, 우리는 이러한 의문을 가지는 자신을 발견하게 된다.

왜 어떤 장소는 사소한 아름다움으로 우리를 그리워하게 만드는 것일까.

창가에 놓인 화분, 좌회전 표지판, 교회 종탑을 지나가던 구름들, 눈 쌓인 우체통, 헤어지기가 안타까워 서로의 손을 꼭 붙들고 있던 공항의 남녀들, 시골 경찰서에서 나눠주던 마을 지도, 호텔 커튼 사이로 스며들던 기분 좋은 아침의 햇빛, 강물이 구르는 소리, 말간 사기 커피잔……

나는, 맹인이 점자를 조심스럽게 더듬듯, 어두운 밤의 한 귀퉁이에서 그 부스러기들을 추억한다.

A bar, a bra and a
boy wizard ( )

그리움 쪽으로 달려간다

지금 이 순간이 좋다.

나는 지금 침대에 누워 슈베르트의 피아노곡을 들으며 내가 지나왔던 길을 더듬고 있다.

내 몸의 굴곡을 잘 알고 있는 나의 오래된 침대는 마치 내가 돌아오기를 기다렸던 연인처럼 나의 목과 등과 엉덩이와 종아리를 포근히 감싼다.

내가 지나왔던 길과 내 어깨 위에 내려 앉았던 눈송이와 소매 속으로 들어오던 바람, 눈썹을 매만지며 떨어져 내리던 꽃잎들과 저물 무렵의 먼 산, 기차에서 내려 다음 행선지를 확인하던 시간, 공항에 내려 시계를 맞추던 그때, 호텔에서 침대 시트의 냄새를 확인하던 일, 노천카페에서 커피를 마시며 시집을 읽던 그 순간, 너에게 줄 향수를 사던 노란 창문의 기념품 가게, 나에게 눈을 찡긋하던 거리의 악사.

나는 그것들을 추억하며 부르튼 발을 쓰다듬는다. 어느덧 세월은 훌쩍 흘러버렸고 나는 다시 돌아왔다. 그리고 다시 돌아가고 있다.

나는 지금 그리움 쪽으로 달려가고 있다.

음악들

이 음악을 들어봐. 꼭 여행길에서가 아니라도 좋아. 방이든, 베란다든, 공원이든, 시장이든, 지하철 안이든 괜찮아. 이 음악을 듣고 있으면 여행을 하고 있다는 기분이 들 거야. 너는 지금 이스탄불에서나 상하이에서나 쿠알라룸푸르, 방콕, 런던, 뉴욕, 도쿄 어디쯤에 있는 거야.

Mandy Moore, 〈Wild Hope〉

설원을 가로지르는 기차에 타고 있다. 창밖으로는 아득한 설원이 펼쳐진다. 기차의 난방시설은 엉망이다. 숨을 쉴 때마다 하얀 입김이 뿜어져 나온다. 게다가 이 기차는 종착역이 없다. 우리는 외롭고 춥다.

Chet Baker, 〈Stairway to The Stars〉

중국의 어느 조그만 사막에서 들었다. 밤이었다. 하늘에는 누군가 뿌려놓은 듯 별이 촘촘하게 돋아 있었다. 밤하늘을 보며 이 음악을 듣고 또 들었다. 그러다가 까무룩 잠이 들었다. 우리에게는 별을 보다가 잠이 드는 그런 순간이, 일생에 한번쯤은 필요하다. 그리고 그런 기억이 있다는 것은 행복이다.

'빨간 우산 파란 우산 뭐를 원해 너에게 줄게 갈색 가방 하늘색 가방 뭐를 원해 원하는 걸 줄게 My name is yozoh 언제나 신나는 밴드 소규모 우리는 언제나 어디서나' 무조건 햇살 찬란한 날에 들어야 한다. 가벼운 배낭을 메고 런던 노팅힐 어디를 걸어가고 있는 거다.

Keane, 〈Fly to Me〉

여름. 울창한 가로수 길을 자전거를 타고 달려가고 있다. 바람이 내 품에 안긴다. 자전거는 어느 순간 붕 뜬다. 나는 지금 하늘로 날아가고 있다.

James Morrison, 〈You Give me Something〉

사실, 여행은 몇 가지만 있다면 즐거울 수 있다. 얼마간의 시간과 현금, 신용카드, 디지털 카메라다. 그리고 추가한다면 제임스 모리슨의 음반 정도라고 할까. 이 음악을 들으며 길을 걷고 있노라면 정말로 행복한 여행을 떠나온 듯한 기분이 든다.

Isao Sasaki, 〈Sky Walker〉

애타게 그리운 누군가를 찾아 떠나는 여행을 상상하곤 한다. 그 여행은 길고 길었으면 좋겠다. 여행의 막바지 즈음, 지치고 지쳤을 때 비로소 그를 만났으면 좋겠다. 그를 만나러 가는 내내 이 음악을 들을 것이다.

Travis, 〈Sailing Away〉

베트남 하노이에서 라오까이로 가는 야간열차에서 이 노래를 듣고 또 들었다. 기차는 오래도록 밤을 지났다. 나는 친구와 함께 맥주를 마시며 이 노래를 흥얼거렸다.

햇살 좋은 날, 노천 카페에서 카푸치노를 마시고 있는데 이 노래가 흘러나오는 거다. 나도 모르게 고개가 끄덕여지는 거다. 그래도 우리에겐 희망이 있다는 생각이 절로 들게 하는 노래.

어릴 적 살던 동네가 문득 그리워지는 봄날이 있다. 세탁소를 지나면 우체통이 있고 골목에 들어서면 피아노 소리가 흘러나온다. 그 집 담에는 목련이 환하게 피었다. 짝사랑하던 누나를 만나면 괜히 얼굴이 붉어지곤 했다. 타임머신이 있다면 그 시절로 여행을 떠나고 싶다.

지금 사랑하는 사람과 함께 여행하고 있다면 이 음악을 듣는 거다. 이어폰을 나눠 끼고 눈을 감은 채 이 음악을 듣는 거다. '널 기억하는 누구보다 그 누구보다 너를 사랑해.' 여행은 우리를 적당히 멜랑콜리하게 만든다.

아이들의 환한 미소를 떠올리게 한다. 루앙프라방 골목에서 만났던 환한 미소의 아이들, 사파에서 내게 물을 건네주었던 이름 모를 소녀, 터키 마르마리스에서 젤리를 함께 먹었던 하릴린이라는 수줍음 많던 아이, 말레이시아 쿠칭 해변가에서 함께 축구를 했던 아이들. 그 아이들이 보고 싶다. 지금쯤 많이 컸을 테다.

많은 답들을 가지고 있었으면 좋겠다. 내가 힘들 때, 고민될 때, 슬플 때. 나를 위로해줄 수 있는 많은 답들이 내 안에 많았으면 좋겠다. 여행은 그 답들을 찾기 위해 떠나는 것이다.

Lisa Ono, 〈Beyond The Reef〉

왁자지껄한 여행. 친구들과 함께 길을 나서는 것보다 기분 좋은 여행이 있을까.

Tony Bennett, 〈Life is A Song〉

11월은 산책하기에 좋은 때. 토니 베넷을 들으며 어슬렁거리다 단골 술집에 들어간다. 혼자서 술을 마시다 오랫동안 연락하지 못했던 친구에게 문자 메시지 한 통 보낸다. '잘 살지?' 그 친구가 이런 답을 보내온다면 흐뭇한 미소가 떠오른다. '그래. 모든 게 괜찮아. 다시 연애를 시작했어.' 인생은 아직 살 만하다.

Joni Mitchell, 〈All I Want〉

I am on a lonely road and I am traveling… I want to make you feel free.

Cowboy Junkies, 〈I'm So Lonesome I Could Cry〉

끝없이 이어지는 길에 홀로 서 있다. 모든 풍경은 정지되어 있다. 그리고 어느 순간 카우보이 정키스의 음악이 어디선가 들려오고 길 위로 검은 구름 그림자가 느리게 느리게 흘러가기 시작한다. 비로소 풍경이 움직인다.

혼자 떠나는 여행에서 단 한 장의 음반을 가지고 가라면, 조금 고민한 끝에, 〈파리
텍사스〉 사운드 트랙을 택하겠다. 여행길에서 자주 듣지는 않겠다. 딱 한 순간, 뜨
거운 사막, 혹은 황량한 길, 텅 빈 겨울 들판에 섰을 때, 결정적인 순간에 이 앨범을
듣겠다. 라이 쿠더의 기타는 여행자를 위해 존재한다.

삶은 분명 조금씩 나아지고 있다. 이 문장이 비록 거짓일지라도 우리는 그러하다고 믿어야 한다. 삶에 대해서는, 믿는 것이 우리의 당연한 책무여야 한다.

나는 세상과 불화했다. 밥에 대해서, 밥을 먹어야 하는 치욕과 밥을 벌어야 하는 숭고함 사이에서 안절부절했다. 그런 나를 위로하고 싶었다. 끊임없이 뒤로 밀리는 스스로 인생을 동경하고 싶은 마음도 있었다. 여행은 그러기 위해 내가 택한 수단이었다. 지평선 너머로 길게 꼬리를 끌며 사라지는 밤의 열차를 떠올리며 나는 잠시나마 평온할 수 있었다.

길 위에서 나는 메모했다. 기차 안에서, 바람 아래에서, 모텔 베란다에서, 늦은 밤의 어두운 카페에서, 눈 내린 자작나무 숲에서, 수도원의 종소리 아래에서 나는 나의 내면을 엿볼 수 있었다. 그것은 내가 생활에서 발견하지 못한 것들이었다. 날짜 변경선을 지나며 우리 인생의 덧없는 하루에 대해 생각해 보기도 했다. 사막에서는 결국 우리 모두는 각자라는 것을 알 수 있었다. 풍경을 정신의 흔적이라고 한다면 이 책에 실린 짧은 교감의 기록도 풍경이라 불러도 무방하리라. 내가 당신에게 보여주는 낯선 풍경이 당신에게 새의 발자국 같은 위로가 되었으면 좋겠다.

이 책이 나올 때쯤 나는 우기의 루앙프라방에 있을 것이다. 메콩강가에 앉아 물새가 사라지는 노을의 끝을 바라보고 있을 것이다. 루앙프라방에서 나는 우리의 비루함을 위로하는 미소에 대해 생각해볼 예정이다.

중요한 것은 우리가 우리의 일생을 다하여 한 걸음씩 앞으로 나아가고 있다는 것이다. 나는 지금까지 뒤로 가는 비행기를, 기차를, 배를, 버스를, 오토바이를 타본 적이 없다. 세상은 어쩔 수 없이 예측불허이지만, 우리는 속도에 구애받지 않고 계속 앞으로 나아간다. 우리가 만들고 있는 책의 목차는 끊임없이 수정되고 있다.

이 책이 당신에게 미풍이었으면 좋겠다.

<Special Thanks>
월의 키치죠지를 함께 거닐었던 sophia, 라오까이행 야간열차의 덜컹거림을 아직도 잊지 못하는 지니, 빗속의 코네마라를 함께 여행했던 roh, 루앙프라방 BIG TREE CAFE의 adri와 mija, 더블린의 오후 7시, 다른 생을 열렬히 꿈꾸는 oyona, 언제나 내게 영감을 불어넣어 주는 자유로 37km 구간, 홍대 앞에서 듣는 jason mraz의 목소리, 에든버러에서의 밀크 커피, 가끔씩 지나치게 따스한, 그리고 시니컬한 시칠리의 요리사, 언제나 그 자리에 있는 tmhyuno, junepark, dongkil, nextlight 등, 올림푸스 ee3와 diana+ 그리고 portra 160nc, 올해 6월 자작나무숲 속에서 불어오던 홋카이도의 바람, 마음 한켠에 자리하고 있는 habana, Reykjavik, 사진 잘 찍는 photo think, 너털웃음으로 세상을 살아가는 A1 신빛 실장님, 그리고 세상의 모든 음악들과 미소들에게…

위로였으면 좋겠다

2014년 12월 15일 초판 1쇄 펴냄

지은이 최갑수
디자인 홍지연
발행인 김산환
편집인 조동호
편집 윤소영
펴낸 곳 꿈의지도
인쇄 두성 P&L
종이 월드페이퍼

주소 경기도 파주시 광인사길 68, 성지문화빌딩 401호
전화 070-7535-9416
팩스 031-955-1530
홈페이지 www.dreammap.co.kr
출판등록 2009년 10월 12일 제82호

ISBN 978-89-97089-47-5 13980